JN289783

SCIENCE

岩波科学ライブラリー 101

エピジェネティクス入門

三毛猫の模様はどう決まるのか

佐々木裕之

岩波書店

はじめに

私が医学部の学生だった二五年前、一個の受精卵から分化したさまざまな細胞が基本的に同じ遺伝子のセットを持っていること、したがって遺伝子の働きの違いだけで、外見も働きも異なる細胞が作られることを知りました。この話をされたのは、当時、九州大学生化学講座の教授だった高木康敬先生でした。思い起こせば、あの講義中の短い話が私をエピジェネティクス研究へと導いたのだと思います。そのとき以来、個体発生や細胞分化における遺伝子の調節を理解することが私の夢になったのです。

この本を手にとられる読者のなかにはエピジェネティクスということばをよくご存じでない方もおられるでしょう。エピジェネティクスは、最近になってようやく医学・生物学の世界で定着してきたことばで、われわれヒトをふくむあらゆる生物が恩恵に与っている、非常に重要な遺伝子調節の仕組みのことを指します。しかし、まだその意味と内容が、十分に理解されているとは言えません。

エピジェネティクスを多くの方々に理解していただきたいと思って世に送り出すのが本書です。ですから、できるだけ身近な話題から、取りつきにくいこのカタカナのことばの意味することを、少しずつ解きほぐしていきたいと思います。「三毛猫の模様はどう決まるのか」という副題をつけたのもそのためです。（もし、猫の模様の解説書だと思われた方がおられたら、ご期待に沿えないでしょう。悪しからず。）

時あたかもヒトゲノム計画の第一段階が終了し、われわれはヒトのすべての遺伝子の塩基配列を手にしました。日本では私の恩師である榊佳之先生がこの世界的プロジェクトに貢献されました。いよいよ遺伝子の働きがどのように調節されているのかを解明する舞台が準備されたと言えます。私はこのような時代に、生命科学の研究者として生き、エピジェネティクスを研究できる幸せを感じています。これからエピジェネティクスの研究はますます重要になっていくことでしょう。

さあ、本書を開いてエピジェネティクスの面白さを覗いてみてください。ゲノムの塩基配列に新たな情報を加えて、細胞のバリエーションと個性を作り出している仕組みが見えてくるでしょう。また、メンデルの法則にしたがわないように見える不思議な生命現象が、どのような仕組みで起こるのか見えてくるはずです。偶然や環境をも取り込んで遺伝子の働きを変えてしまうのもエピジェネティクスの特徴です。そして、クローン技術、発生再生医療、がんの診断や治療にも新しい突破口が見えてきました……。

本書が、新しい医学・生物学を模索している方々に何らかのヒントを与えることができれば幸いです。

二〇〇五年四月

佐々木裕之

目　次

はじめに
1　個性はどこで決まるか……… 1
2　エピジェネティクスとは……… 13
3　さまざまな振舞い……… 35
4　個性は伝わるか……… 51
5　もっと複雑な仕組み……… 61
6　病気との深い関係……… 69
7　便利な道具にハマる生物……… 87
参考文献

図版＝飯箸　薫

1 個性はどこで決まるか

個性のもと

花屋の店先でさまざまな色や模様に咲き誇る花に目を奪われたことはありませんか？ バラやカーネーションは赤、白、ピンクなどに美しく咲き乱れ、それぞれに私たちの目を楽しませてくれます。また、穏やかなお天気の日には、猫たちが庭先をのんびり通っていくのを目にすることがありますね。その猫たちもそれぞれに異なる色や模様の毛皮を身にまとっています。

われわれ人間も含めて、どうして同じ種の生物がこのように多様な外見を示すのでしょうか。

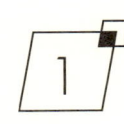

第一の要因として、ゲノム（すべての遺伝子と、それらの調節領域、およびそれ以外の部分からなる遺伝情報全体をこう呼びます）の多型があげられます。ご存じのように、ゲノムはＤＮＡ（デオキシリボ核酸）という物質でできており、その情報はＡ（アデニン）、Ｇ（グアニン）、Ｃ（シトシン）、Ｔ（チミン）という四種類の塩基の並びで決まっています。ところが、ヒトの場合でもその他の生物の場合でも、任意の二つの個体を選んでゲノムを比較してみると、一〇〇〇塩基に一つ程度の割合で塩基置換（たとえばＣがＴに置き換わるなど）が存在します。このような正常集団中の違いを多型と呼びます。これが遺伝子の働きを少しずつ変え、個性のもとになっているのです。

しかし、個体の特徴がすべて遺伝的に決まっているわけではありません。環境によって大きな影響を受けることも事実です。環境には地理的条件や、気候、食生活、習慣、家族、社会などさまざまなことが含まれます。たとえば、身長や体重などの特徴が、食生活を含めたライフスタイルの影響を大きく受けることは、みなさんご存じのとおりです。

そして、個体の特徴を決める第三の要因として、本書の主役であるエピジェネティクスがあります。エピジェネティクスは、「ＤＮＡの配列には変化を起こさないで遺伝子の機能を調節する仕組み」のことをいい、ときに見た目にも鮮やかな影響を外見に与えます。また、エピジェネティクスは、ごく単純には「遺伝子の働きを抑える仕組み」と考えていただいてもけっこうです。ここでは、エピジェネティクスの詳しい説明はあとにして、それがいかに生物を豊かなものにしているか、その具体例を見ていきましょう。

アサガオの絞り模様

まず、夏の花として日本人に親しまれているアサガオを取り上げましょう。アサガオは東アジア原産で、奈良時代に日本へ渡来しました。江戸時代になると園芸植物として大流行し、花の形、色、模様の珍しい品種がいろいろ作り出されました。江戸中期の博物学者、平賀源内は、絞り模様(斑《ふ》入り)のアサガオを記載しています。

自然科学研究機構基礎生物学研究所の飯田滋教授らは、このようなアサガオの模様ができるのは、トランスポゾンと呼ばれる動く遺伝子によるのではないかと考えました。トランスポゾンは生物の進化の途中でゲノムに寄生するようになったＤＮＡで、ゲノム上のある場所から別の場所へと移動することが可能な転移性因子のことです。トランスポゾンはゲノムに組み込まれた状態で次世代へ伝えられますし、その転移は個体のどの細胞でも起こる可能性があります。余談ですが、トウモロコシの遺伝学的な研究でこのトランスポゾンを発見したバーバラ・マックリントック博士(コールドスプリングハーバー研究所)は、一九八三年にノーベル生理学医学賞を受賞しています。飯田教授らが調べたところ、さまざまな絞り模様のアサガオで、花色を決める遺伝子の中やその近傍に、トランスポゾンが挿入されていることがわかりました。

ところで、トランスポゾンがゲノムを移動すると、当然、DNAの配列が変化しますから(つまり脱離や挿入が起こる)、この移動そのものはエピジェネティックな現象ではありません。しかし、トランスポゾンが勝手気ままに動き回ると生物にとって有害な挿入突然変異が蓄積しますから、われわれの細胞はトランスポゾンを抑え込む仕組みを持っています。この抑制に、エピジェネティクスの機構が関わってくるのです(その仕組みの詳細は後ほど説明します)。

では、トランスポゾンがエピジェネティックな遺伝子抑制の仕組みを使ってどのように花の模様をつくるのでしょうか。アサガオの一種であるソライロアサガオのフライングソーサー（空飛ぶ円盤）と呼ばれる絞り模様を例にとって説明しましょう（図1）。

飯田教授らが調べたところ、このアサガオでは青い色素の合成に関わる遺伝子のすぐ近くにトランスポゾンが挿入されていました（図2）。このトランスポゾンはエピジェネティックな仕組みによって抑えられていますが、その抑制の影響は隣にある色素合成の遺伝子にも及び、そのため絞り模様ができるのだということがわかってきました。つまり、抑制が隣の遺伝子に及んでいる花の部分では色素が合成されないので白くなり、抑制が遺伝子に及んでいない部分では色素が作られて青くなるのです。このトランスポゾンの影響による遺伝子スイッチのオン・オフは、花の形成過程のごく初期に決定され、しかもその細胞が分裂してできる細胞系譜ではそのまま維持されます。それで、花の中心から外側へ扇状の絞り模様ができるのです。

図1　ソライロアサガオのフライングソーサーの絞り模様（自然科学研究機構基礎生物学研究所飯田滋教授提供）

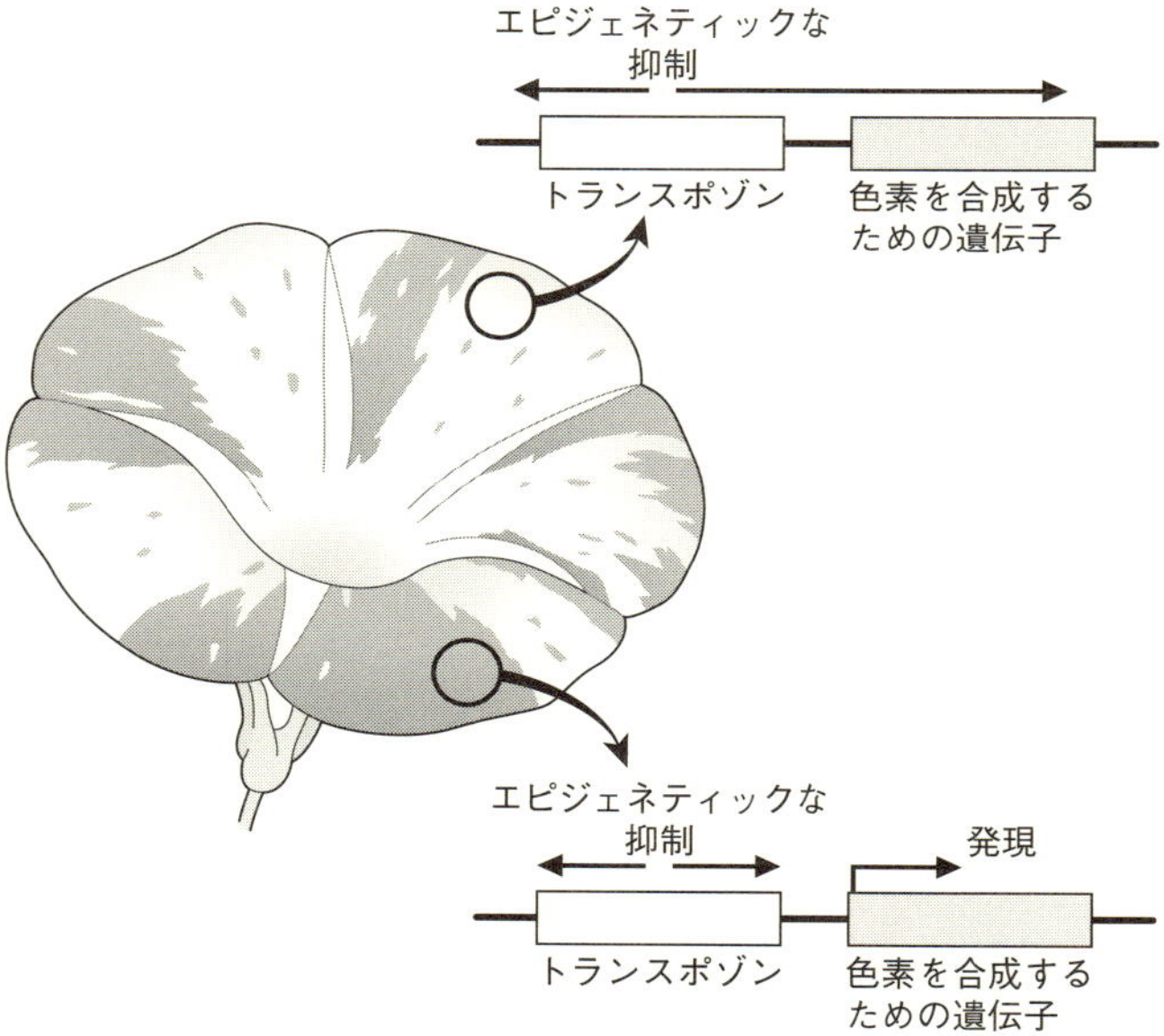

図 2　フライングソーサーの絞り模様はトランスポゾンを抑制する作用の拡がりによってできる

ＤＮＡの配列が変化しないで（つまりトランスポゾンの移動を伴わない）花色が変化する例として、ソライロアサガオの絞り模様を取り上げましたが、実際には、花色を決める遺伝子の中や、その調節領域に挿入されていたトランスポゾンが、花の発生の途中で脱離することによって模様ができる場合が多いことがわかっています。その場合、ＤＮＡの配列が変化してしまうので、エピジェネティックな現象とは言えなくなってしまいます。遺伝子の配列がもとに戻り（復帰突然変異と呼びます）、そのためその部分だけ花の色が回復するわけです。しかし、トランスポゾンが動くかどうかはエピジェネティックな抑制の強さで決まりますから、その意味でやはりエピジェネティクスが鍵を握っていると言えるでしょう。

いずれにしても、トランスポゾンは植物個体の発生過程でしばしば花の色や模様に関わっているようです。トウモロコシ、キンギョソウにも似た現象がありますし、ブドウの色もトランスポゾンが決めているという報告があります。私の自宅の近くにはハナモモ（源平桃ともよばれる品種のようです）の木があり、春になると紅白の美しい花を咲かせます。多くの花は白いのですが、その中に赤い花びらや、白地に赤い部分を持つ花びらもあります。きっと、この花の模様の形成にもトランスポゾンが関わっているのだろうと想像しています。

図3　三毛猫(写真：山崎哲)

三毛猫はなぜ三毛か

エピジェネティクスが外観に影響を及ぼすのは植物だけではありません。動物での身近な例として三毛猫の模様があります(図3)。三毛猫は白い毛の部分(白斑)を作る遺伝子を持っていますが、そのほかに、白以外の部分を茶(オレンジ)にするか黒にするかを決める遺伝子が、性染色体であるX染色体上に存在します。哺乳類の雄の性染色体の構成はXY型で、雌はXX型であることは、みなさんご存じでしょう。雄にはX染色体が一本しかありませんから、茶か黒かどちらか一方の遺伝子しか持っていません。ですから雄は二色（白と茶、または白と黒）にしかならず、三毛猫はほとんど例外なく雌なのです。

ところで、三毛猫の茶と黒の模様の形成には、X染色体の不活性化というエピジェネティックな現象が深く関わっています。性染色体のうち、Y染色体にはその個体を雄にする遺伝子しかありませんが、X染色体には細胞が（ひいては個体が）生きていくのに必要な遺伝子が多数存在しています。それらX染色体上の遺伝子は雌では雄の二倍存在しているわけですが、遺伝子の働きすぎは生命にとってよくありません（実際、X染色体が二つとも働くと、その雌は死んでしまうことがわかっています）。そこで、雄と雌で働く遺伝子の量を等しくするため、雌は二本のX染色体のうち一本を抑制して働かなくしてしまう仕組みを発達させました（図4）。これがX染色体の不活性化です。X染色体の不活性化は、塩基配列を変えることなく、まるごと一本の染色体を抑制してしまう典型的なエピジェネティックな現象です。

この不活性化は、発生の初期に、細胞ごとに二本のX染色体からランダムに一本が選ばれて起こります。三毛猫は、二本のX染色体の一方に茶、もう一方に黒の遺伝子を対として持っており、茶色の遺伝子を持つX染色体が不活性化した皮膚の部分の毛は黒に、黒の遺伝子

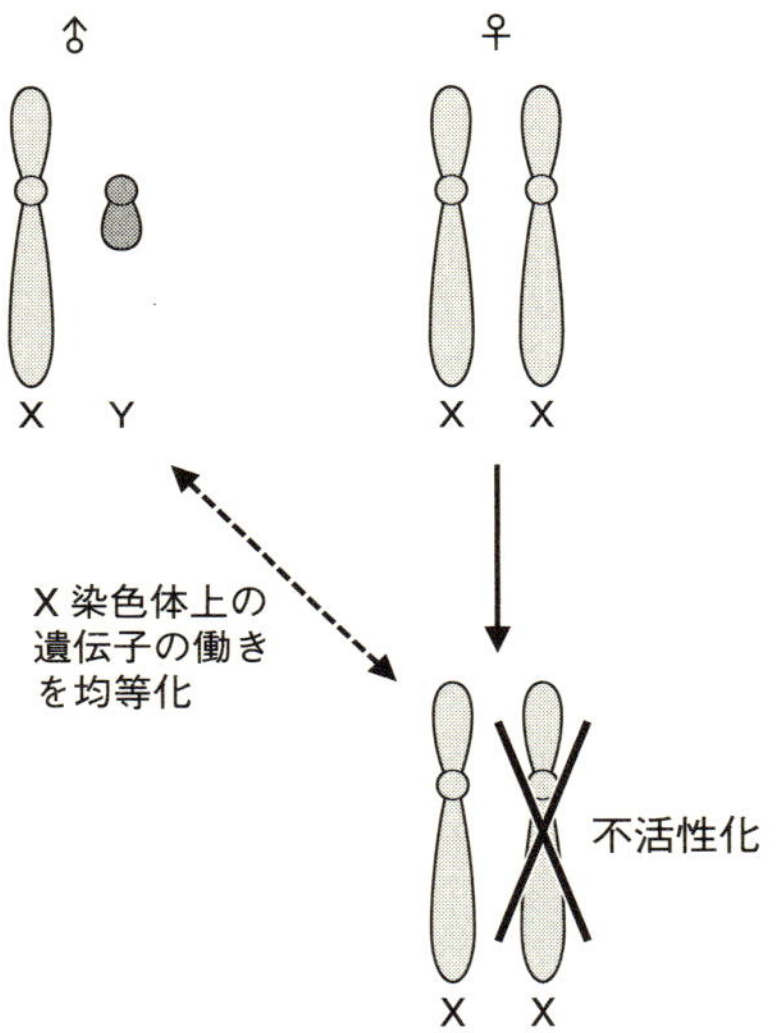

図4　雄・雌の性染色体の構成と
X染色体の不活性化

を持つX染色体が不活性化した部分は茶色になるのです。発生の初期に一旦どのX染色体が不活性化するかが決まると、この決定は細胞分裂を通じて維持されるので、その細胞の集まりが斑として見られることになるのです。

ちなみに、ごくまれに雄の三毛猫が生まれることがありますが、そのような雄の性染色体の構成はXXYです。精子や卵子を作る減数分裂の際に、うまく性染色体の分配が起こらないと、こういう個体が生まれるのです。Y染色体があるので雄として生まれてきますが、二本のX染色体の一方は不活性化され、三毛になるわけです。

トランスポゾンによる遺伝子の抑制の場合も、X染色体不活性化の場合も、最初の時点で、どの細胞で遺伝子スイッチがオンになるかオフになるかは偶然に決まります（もちろん、それぞれの事象に特有の確率にしたがってですが)。ですから、世の中にまったく同じ絞り模様のアサガオの花はないし、同じ柄の三毛猫もいません。エピジェネティクスは偶然を取り込む生命現象と言えるかもしれません。

2 エピジェネティクスとは

ことばの由来

では、エピジェネティクスの説明に入りましょう。まず、エピジェネティクスということばはどこから来たのでしょうか。「エピ」はギリシャ語に由来する「後」を表す接頭語で、「前」を表す「プロ」に対します(「プロローグ」序章と「エピローグ」終章を思い出してください)。そして、「ジェネティクス」は遺伝学を表すことばです。なるほど、エピジェネティクスは「遺伝学」に「エピ」という接頭語を冠したことばなのだな、と思われるかもしれませんが、ことの次第はそう単純ではありません。エピジェネティクスの歴史をたどるには、まず発生学の話をしなければなりません。

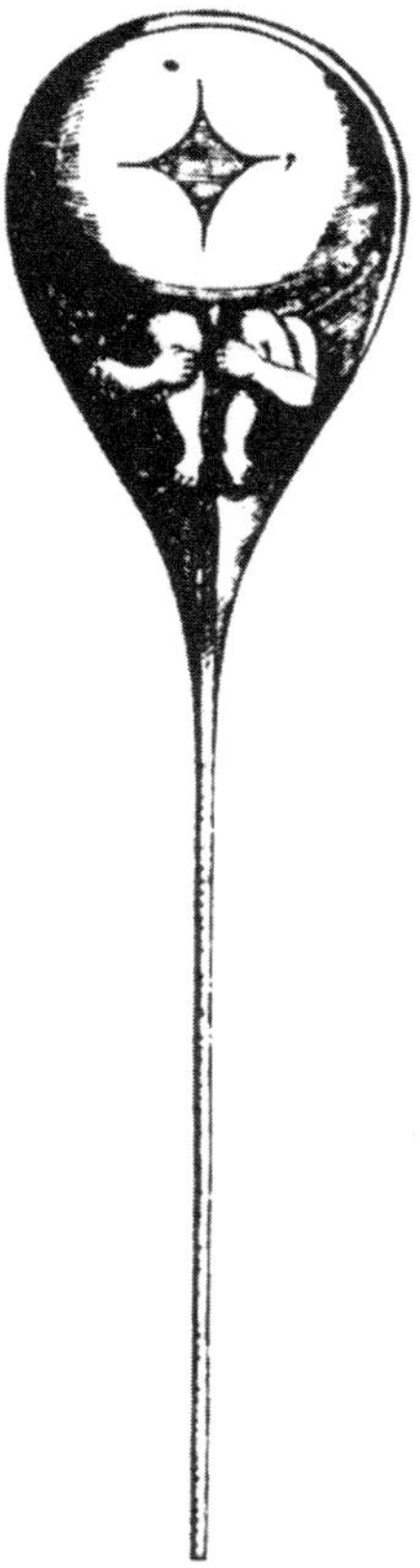

図5　Hartsoekerが描いた精子．前成説にもとづいて小人が描かれている(Essai de Dioptrique, Paris, 1964)

われわれヒトのからだは二〇〇種類、四〇兆個の細胞でできています。それらの細胞は、もとをたどればただ一個の細胞である受精卵が分裂してできたものです。つまり、受精卵が細胞分裂を繰り返し、さまざまな機能を持つ細胞に分化し、それらが正しい場所に配置されることでからだが形作られるわけです。

しかし、昔の人はそのようには考えていませんでした。たとえば一七世紀のオランダの学者は、精子の中にはホムンクルスと呼ばれる小人がいて(図5)、母親の胎内でこの小人が成長することが発生だと考えていました(余談ですが、精子は精液に寄生した虫ではないかと考えられた時代もありました)。このように、精子や卵子などの配偶子や受精卵の中に成体

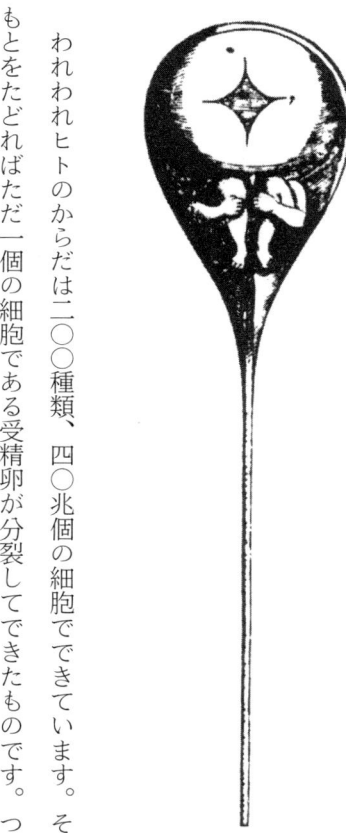

の原型があるとする説を「前成説」と呼びます。一方、現在のような発生の立場を取る説は「エピジェネシス(後成)説」と呼ばれました(ジェネシスは「創造」ですから、「後から作られる」という意味になります)。

やがてエピジェネシス説が正しいことがわかり、単純な構造から複雑な構造を形成する発生の不思議は、科学者の興味を引きつけました。そして、発生学という学問ができました。発生学は、胚(発生初期の生命をこう呼びます)が微少環境の影響を受けて次々と新しい構造を作り出すエピジェネシスの仕組みを研究する学問とも言えます。このような観点から、一九四〇〜五〇年代、イギリスの発生学者ワディントンは、発生機構論といった意味合いで「エピジェネティクス」(エピジェネシス学)ということばを使い始めました。

なぜいろいろな種類の細胞ができるのか

ところで、カエルの子はカエルと言うように、子は親に似ることから、発生に遺伝が関与することは明らかです。つまり、からだの設計図や組み立てマニュアルは、卵子と精子から受精卵に持ち込まれた両親由来のゲノムに書き込まれています。

二〇〇三年四月、日米英などの研究者がヒトゲノムの解読完了を宣言しました。日本では東京大学医科学研究所の榊佳之教授が理化学研究所の研究チームを率いてこの世界的事業に貢献しました。ヒトゲノム解読という作業は、三〇億個もあるA、G、C、Tの並びを読み解くことでした。この遺伝情報は受精卵からさまざまな細胞が作られていく過程(分化)で、(特殊な例外を除いて)変化することなく忠実に複製(コピー)されます。つまり、からだを構成するほぼすべての細胞は同じ塩基配列を持っているのです。後で述べますが、分化した細胞の核を未受精卵に導入することで正常な赤ちゃん(クローン)が得られることは、分化の過程で塩基配列に変化がないことを証明しています。

では、なぜ形も働きも異なる二〇〇種類もの細胞を作ることができるのでしょうか。その答は、異なる細胞では異なる組み合わせの遺伝子のスイッチがオンになっているからです。もちろん、細胞が生きていくために最低限必要な遺伝子もたくさんあり、それらはすべての細胞でスイッチがオンになっています。しかし、神経や、皮膚や、血液では、それぞれの細胞の形や働きを特徴づける遺伝子が選ばれてオンになるのです。しかも、いったん特定の種類の細胞に分化すると、その特徴を失うことなく細胞分裂を続けます。結合組織を作る線維《せんい》芽《が》細胞は何度分裂しても線維芽細胞であり、肝臓の肝細胞は何度分裂しても肝細胞です。つまり、遺伝子のスイッチのオン・オフは細胞分裂を経て安定に伝達されるのです（アサガオの模様や三毛猫の模様もそうしてできることはすでに説明しました）（図6）。

このような遺伝子の働きの変化や多様性の維持を説明するためには、従来の親から子への遺伝とは別の概念が必要になり、一九六〇年代になって、「ジェネティック（遺伝的な）」に対して「エピジェネティック」ということばが使われるようになりました。つまり、「個体の生涯という一世代限りの時間・空間における遺伝現象」を指すことばといってもいいでしょう。これは明らかに発生学の「エピジェネティクス」の転用で、もともと遺伝と関係なく作られたことばに新しい意味が加わったのです。もちろん、その意味するところには同一の方向性があり（受精卵から多様な細胞や構造を生み出し、維持すること）、それがこの新しい意味の定着を助けたと考えられます。そしてとうとう、新しい意味の方が表向きになり、もともとの意味は裏に隠れてしまいました。

現在では、エピジェネティクスは「ＤＮＡの配列に変化を起こさず、かつ細胞分裂を経て伝達される遺伝子機能の変化やその仕組み」または「それらを探究する学問」と定義されて

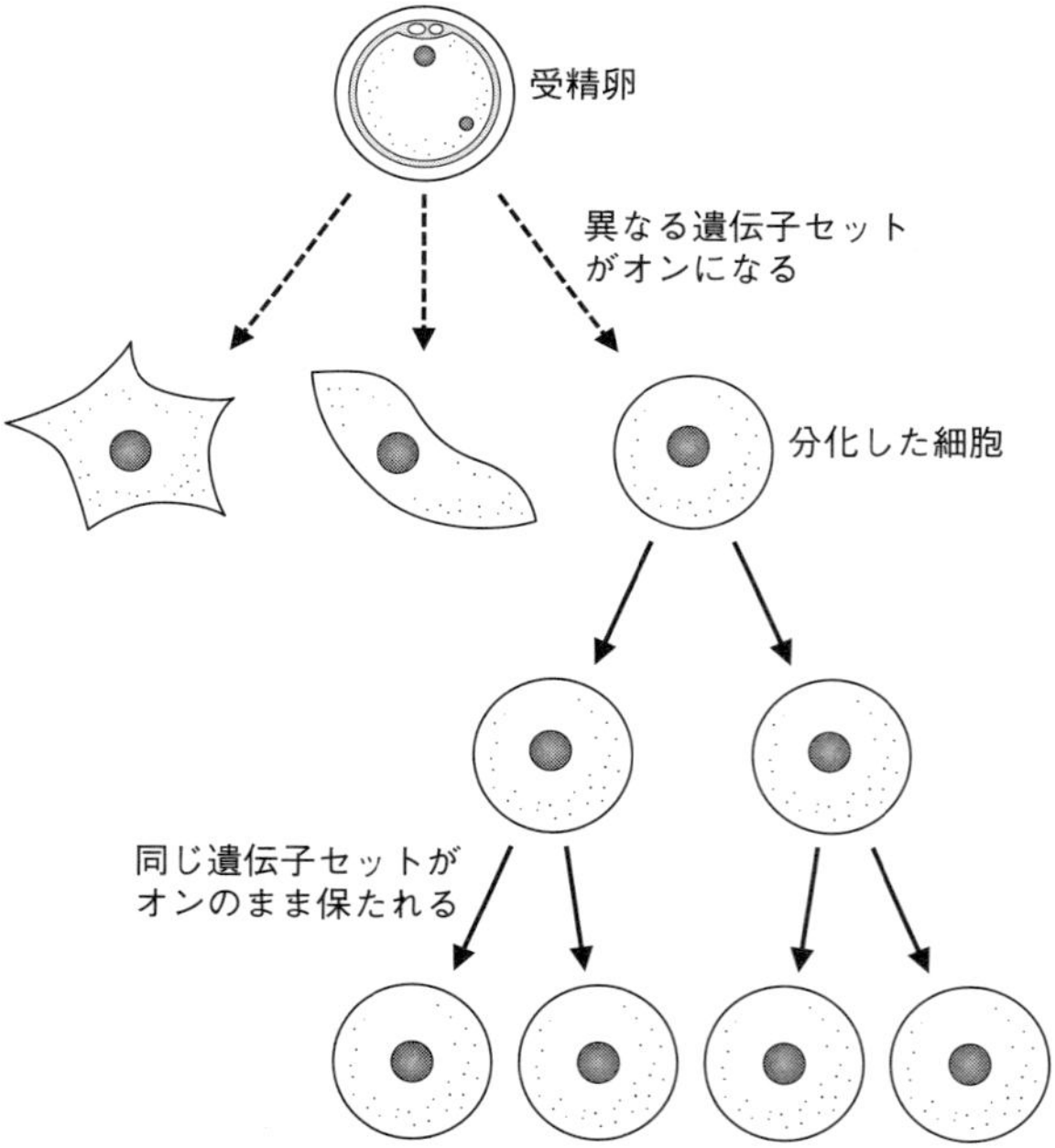

図 6　発生過程における細胞の分化とその状態の維持には遺伝子スイッチの調節が重要である

います。そして、本書でもこの定義をもとに話を進めようと思います。

遺伝情報が効果を発揮する仕組み

エピジェネティクスは遺伝子スイッチのオン・オフを探究する学問ですから、ゲノム解読後の重要な研究テーマです。エピジェネティックな仕組みはわれわれのすべての細胞で働いており、発生、老化、がんなど、さまざまな生命現象と関わっています。トランスポゾンの抑制やX染色体の不活性化において大事な役割を果たすことはすでに冒頭でも触れました。本書ではそれらさまざまな現象について具体的に紹介したいと思うのですが、その前に、エピジェネティクスの分子的な仕組みについて述べようと思います。

ゲノムに記された情報が実際に効果を発揮するには、いくつかのステップを踏む必要があります。ゲノム上の遺伝子は蛋白質の構造を決める設計図ですが、遺伝子から蛋白質を作るには、転写、翻訳という二つの大事なステップを経ることが必要です(図7)。そのうち転写のステップは、遺伝子からメッセンジャーRNAを合成する反応のことで、遺伝子が働くかどうか(発現するかどうか)を調節するためにとくに重要なステップでもあります。つまり、

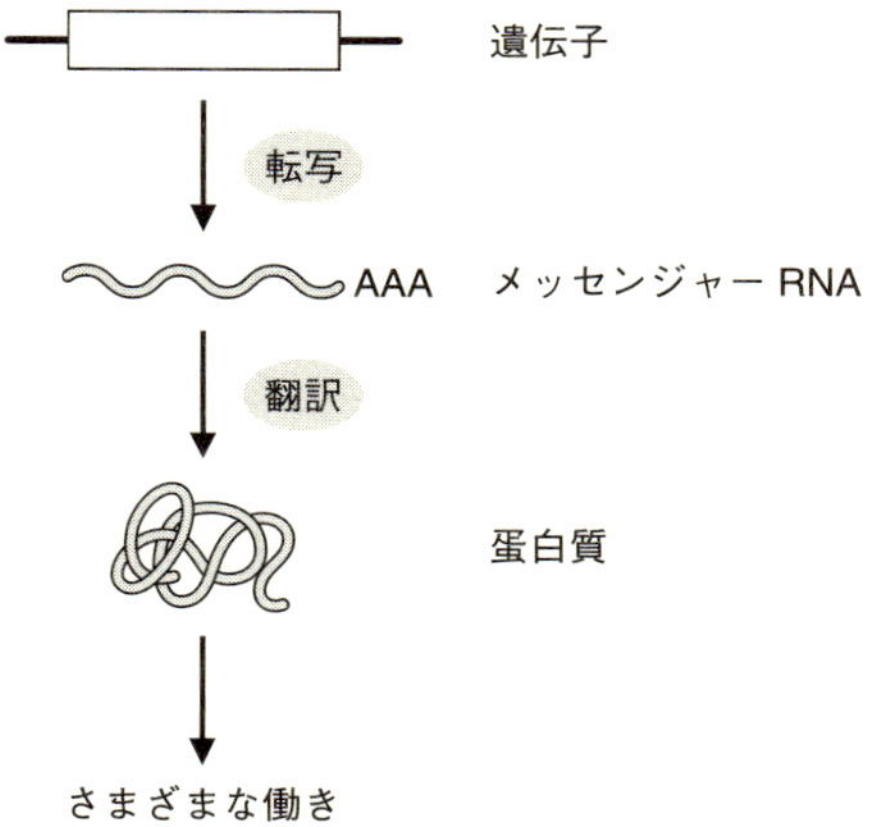

図 7　遺伝子が働くためには転写と翻訳のステップを踏む必要がある

細胞が分化したり、からだが発生したりする過程で、その遺伝子が働くかどうかが、遺伝子が転写されるかどうかで決まる場合が非常に多いのです（もちろん、翻訳のステップで調節されることもあります）。

遺伝子を転写する装置は、ＲＮＡポリメラーゼというＲＮＡ合成酵素を中心とする蛋白質の複合体で、これが、遺伝子の先頭部分にある転写開始点と呼ばれる場所から、遺伝子のＤＮＡ配列を写し取ってメッセンジャーＲＮＡを合成します。転写開始点付近には、ＲＮＡポリメラーゼが転写を開始するのに必要な配列（ＴＡＴＡボックスやイニシエーター配列）、つまり基本転写因子群が結合するための配列があります（図8）。基本転写因子はすべての遺伝子の転写の開始に必要な一群の蛋白質で、これがＲＮＡポリメラーゼをＤＮＡの正しい場所（転写開始点）に連れてくる役割を果たして

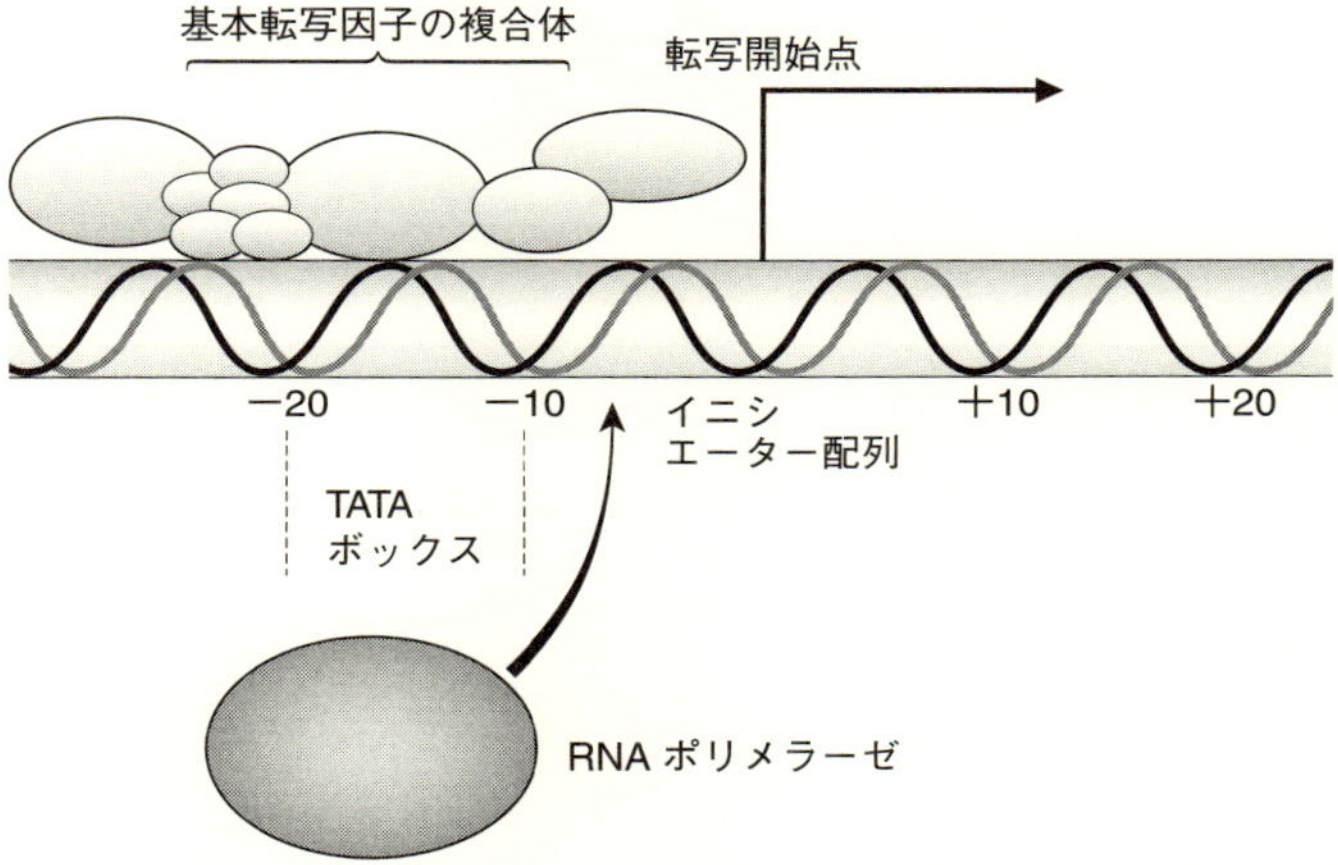

図 8　遺伝子の先頭部分には転写を開始するのに必要な配列(TATA ボックスやイニシエーター配列)がある

います。

一方、遺伝子の周辺には組織特異的な(つまり、特定の組織でだけ働く)転写因子、発生段階特異的な転写因子、環境の変化に応答するための転写因子などを結合する配列が散在しています。遺伝子の周辺と書いたのは、必ずしも転写開始点付近ではなく、遺伝子の上流、内部、下流などさまざまな場所にあるからです(図9)。前章で述べた、さまざまな種類の細胞を特徴づける遺伝子群のオン・オフを決める(転写されるかどうかを決める)のは、このような組織特異的、発生段階特異的な転写因子群です。これらの転写因子群は、標的となる配列に結

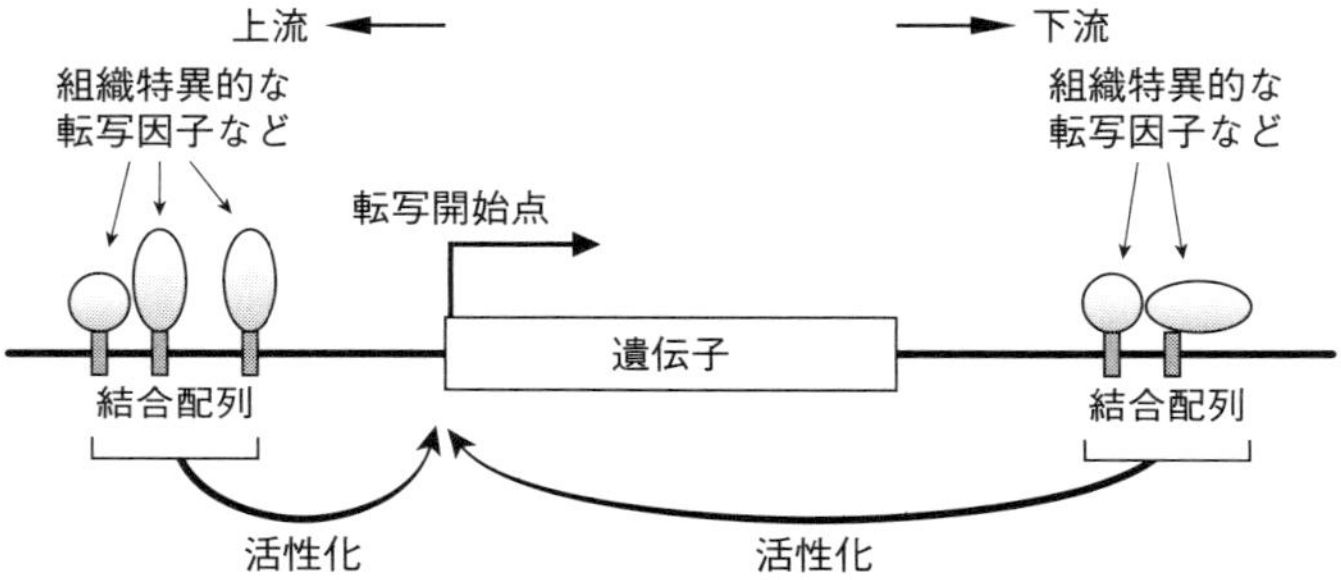

図 9　組織や発生段階に特異的な転写因子は遠方から遺伝子の転写を活性化する

合したのち、なんらかの方法で遠くにある転写開始点にまで影響を及ぼし、基本転写因子群やＲＮＡポリメラーゼ複合体が集合して転写を開始する頻度を上げるのです。その仕組みはよくわかっていません。

書類の効率的な整理法

では、エピジェネティックな調節の仕組みとは、これら基本転写因子や細胞の種類に特異的な転写因子による遺伝子のオン・オフを指すのでしょうか。そうではありません。エピジェネティックな調節はむしろ遺伝子が転写可能な状態にあるのか、転写できない抑制状態にあるのかを決める役割を果たしています。ＲＮＡポリメラーゼやさまざまな転写因子が標的とする遺伝子の配列を探し出し、結合し、働くことができるかどうか、遺伝子側の準備状態(あるいは休眠状態)を調節しているのです。

どういうことかというと、たとえば、たくさんの書類を整理する場合を想像してください(図10)。ヒトゲノムは三〇億の文字が書かれた文書と考えていいでしょう。書類には、常時使うもの、ときどき引っ張り出して見るもの、めったに使うことのないものなどさまざまなものがあります。それらを効率よく整理するには、使用頻度によって、書類に色別のインデックス(付箋)のような目印を貼り付けるといいでしょう。そうして内容、テーマ別に書類を集めてフォルダに入れます。最後に、常時使う書類のフォルダは手が届く範囲に、ときどき引っ張り出して見るものは書棚に、めったに見ないものはキャビネットの引き出しの奥にしまい込みます。このような仕分けと収納を行うのがエピジェネティックな仕組みです。

一方、実際に書類に手を伸ばして取るのは転写因子、読むのはRNAポリメラーゼの仕事です。環境の変化や、ホルモンや、発生中の周囲の細胞との情報のやり取りに応答してすみやかに転写を誘導するのは、転写因子が得意とするところです。そのような転写の誘導はしばしば一時的で、いずれもとに戻ります。なぜなら、役目を終えた遺伝子を転写し続けるのは細胞にとって負担だからです。ですから、そのような一時的な転写を媒介する転写因子は

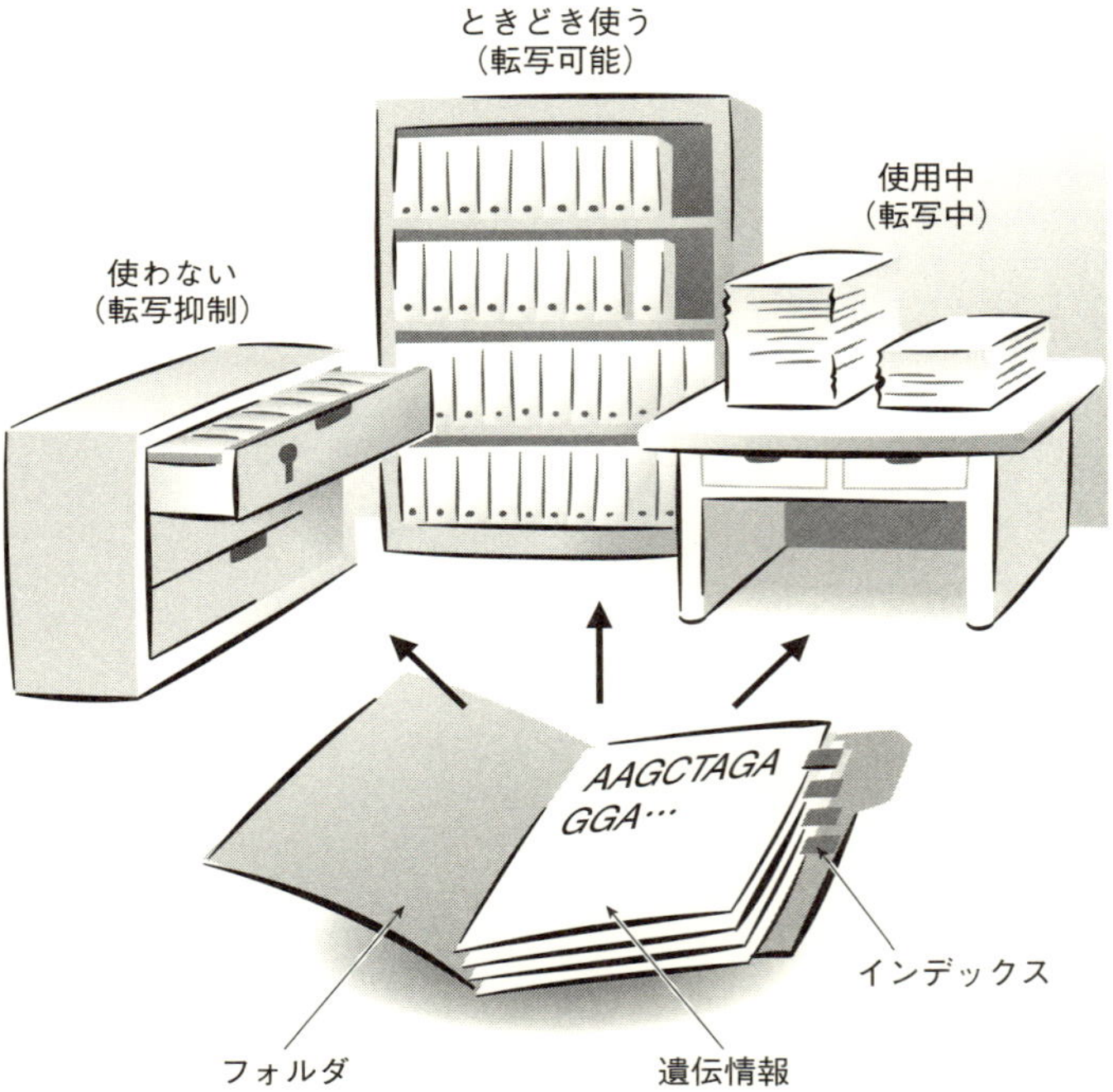

図 10　エピジェネティクスは遺伝情報の仕分けと収納を行う.
仕分けのやり方は組織や細胞の種類ごとに異なる

使用後すみやかに分解されるか、転写因子として不活性な状態に変換されます。

エピジェネティックな調節は、長期間にわたって書類の仕分け状態を保つことに主眼を置いています。したがって、細胞分裂を経て安定に転写可能、または転写不可能(抑制)の状態を維持します。もっともその仕分けは発生の初期にはあいまいで、細胞の分化が進んでいくにしたがって、細胞系譜に特有の仕分けのやり方が確立されていくのです。ですから、持っているひとそろいの書類(ゲノムDNAの全塩基配列)は同じなのですが、神経細胞には神経細胞の、肝細胞には肝細胞の仕分け方があります。そしてその細胞で一旦キャビネットにしまい込んだ書類は、簡単には取り出せません。ですから、神経細胞が肝細胞に転換してしまうようなことは起こらないのです。

エピジェネティクスの機構

それでは、いよいよエピジェネティックな機構を具体的に説明しましょう。ここでは、最も代表的なDNAのメチル化について説明します。動物や植物のゲノムはメチル化という化学修飾を受けることが知られています。DNAメチル化は、S-アデノシルメチオニンとい

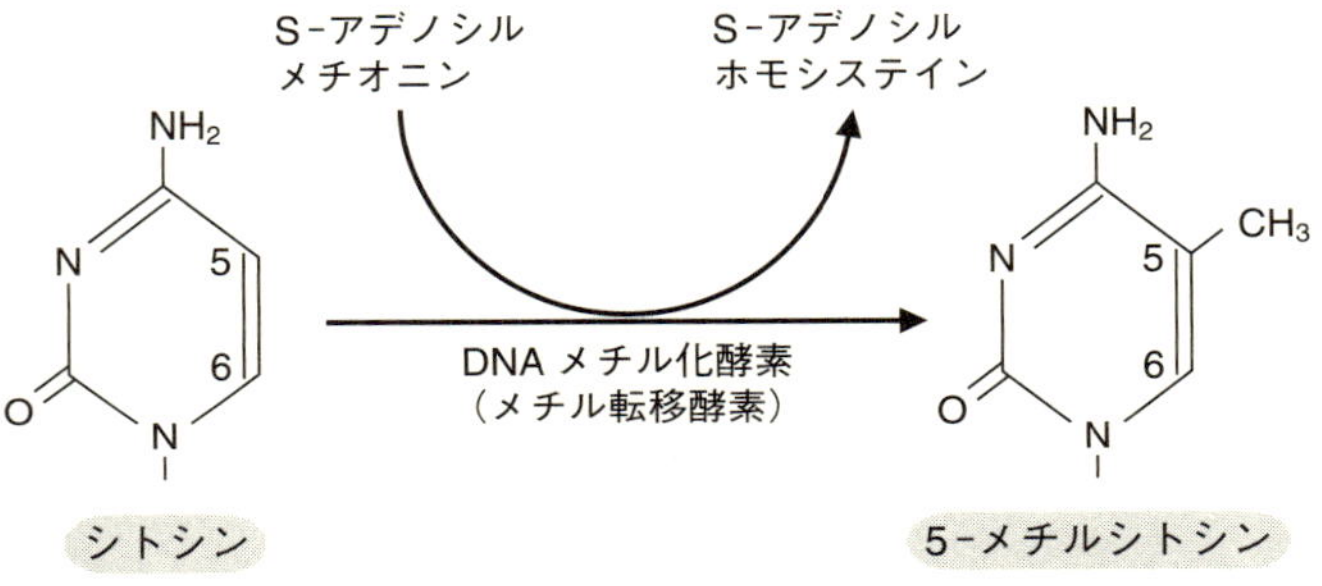

図 11　DNA のメチル化反応

う物質をメチル基の供与体とし、DNA中のC（シトシン）にメチル基を転移させ、5-メチルシトシンに変換する化学反応です。この反応はDNAメチル化酵素によって触媒されます（図11）。哺乳類を含む脊椎動物のDNAメチル化酵素には特異性があり、メチル化するCは、すぐ後ろにGのあるものに限られます。DNAは逆平行二本鎖構造をしており、CはGと対合するので、CG配列の逆鎖側には必ず対称的なCG配列が存在します（図12）。じつはこれがDNA複製を経て伝達されることに大きな意味があります。

非メチル化状態のCGがメチル化されることを新規（デノボ）メチル化と呼び、この反応を専門的に行うDNAメチル化酵素があることがわかっています（図12左）。新規メチル化により両鎖ともメチル化されたCGは、DNAが複製される際には一本の鎖だけメチル化された（ヘミメチル

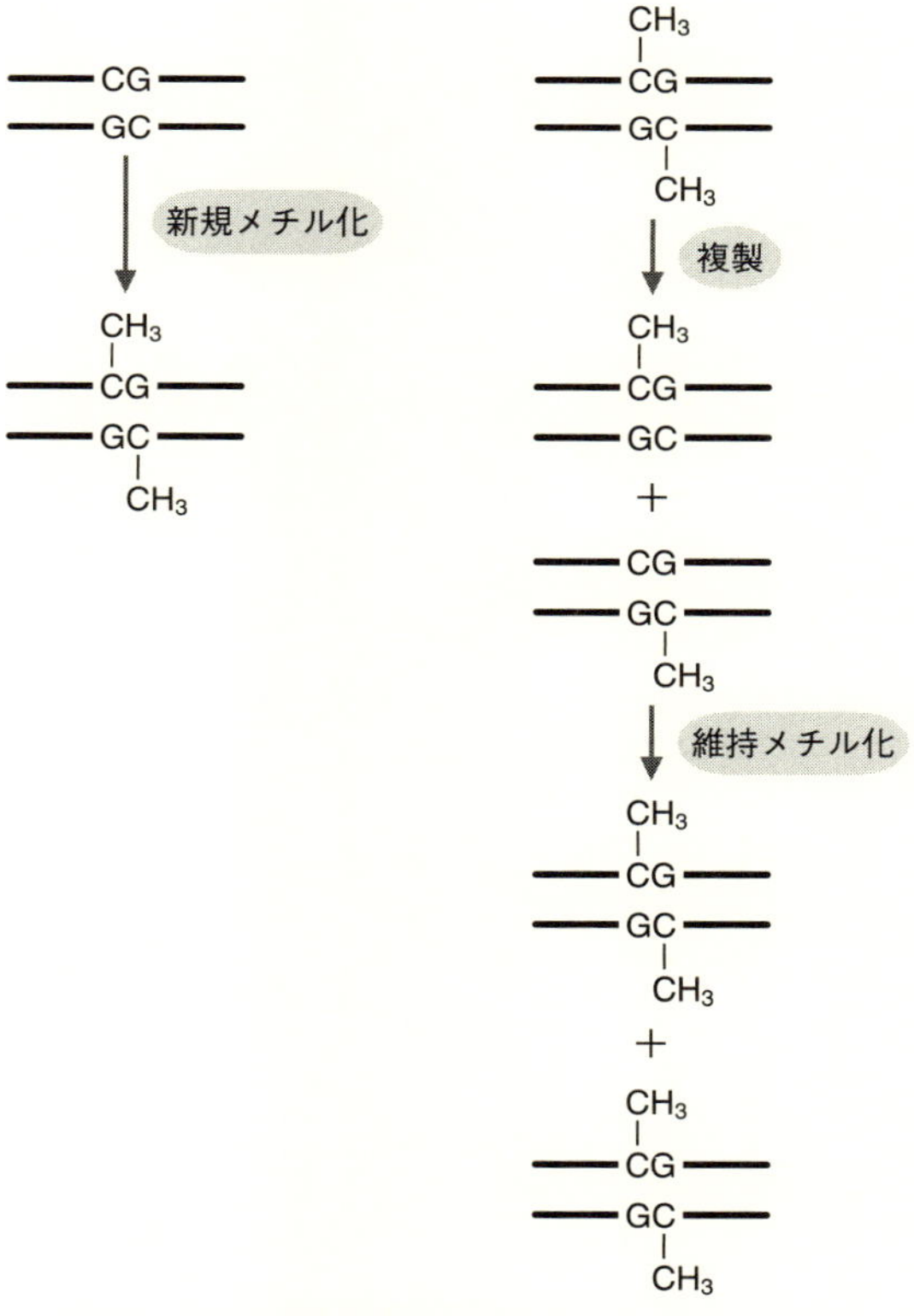

図 12　CG 配列の新規メチル化と維持メチル化

化）状態になります。なぜなら、複製は二本鎖ＤＮＡを一本鎖に分け、それぞれを鋳型として二本鎖を再生するという半保存的な仕組みで行われるからです。しかし、脊椎動物はヘミメチル化状態のＣＧを好んで認識し非メチル化状態の鎖をすみやかにメチル化する別の酵素を持っています（図12右下）。これは「維持ＤＮＡメチル化酵素」と呼ばれ、この酵素のお陰で細胞はＤＮＡ複製を経てメチル化状態を安定に伝えていくことができるのです。つまり、脊椎動物はＣＧ配列の対称性をうまく利用して、エピジェネティックな仕組みの特徴である伝達性を確保したのです。

ヒトやマウスのゲノムではＣＧ配列の約七〇％がメチル化されており、それらの多くは転写が抑制された領域にあります。たとえば、本書の冒頭で植物のトランスポゾンの話をしましたが、植物でも、哺乳類でも、トランスポゾンはメチル化されています。トランスポゾンはそれ自身、ＤＮＡ上を動き回るために必要な遺伝子を持っているので、生物はそれらが働かないように抑制しておく必要があるからです。メチル化は書類を書棚かキャビネットへ入れよというインデックスなのです。

しかし、ＤＮＡメチル化は単なる目印ではなく、それ自身に転写を抑制する働きがあります(図13)。たとえば、転写因子のいくつかは、認識する塩基配列中に5-メチルシトシンがあるとDNAに結合できません。また、逆にメチル化されたCG配列に特異的に結合する転写抑制蛋白質があり、これらが結合すると、物理的に邪魔されて転写因子やRNAポリメラーゼがDNAに結合できなくなります。さらに、DNAメチル化がヒストンの修飾と共同で転写を抑制する場合もあります。ヒストンは細胞核内に多量に存在する一群の蛋白質で、ゲノムDNAを核内に収納するのに大事な役割を果たしています。そして、その修飾はDNAメチル化に優るとも劣らない重要なエピジェネティックな仕組みなのですが、詳細は後で述べることにします。

ニューロンができるまで

DNAメチル化が細胞の分化にしたがって遺伝子のスイッチを調節する例はたくさんありますが、ここでは一つだけ具体的な例をあげて説明しましょう。

脳の発生過程において、神経幹細胞と呼ばれる未分化な細胞から、ニューロン(神経細胞)、アストロサイト、オリゴデンドロサイトなどの細胞が分化することが知られています。アス

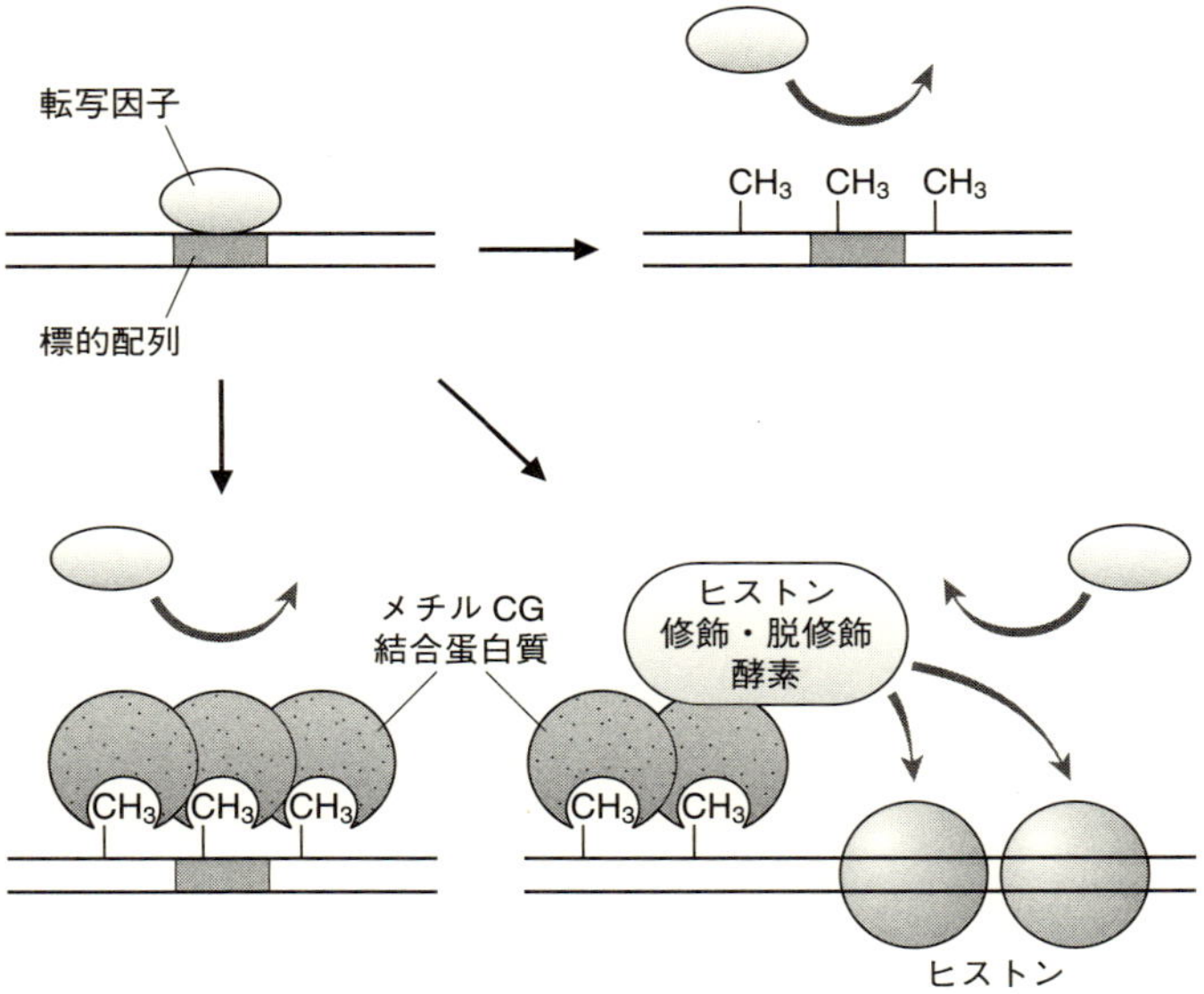

図 13　DNA のメチル化はさまざまな方法で転写因子が標的配列に結合するのを妨げる

トロサイトとオリゴデンドロサイトはともにニューロンを助ける細胞で、前者は支持組織として働くとともに物資代謝の仲介を行い、後者はニューロンの軸索を取り囲んで髄鞘《ずいしょう》を形成します。これらの細胞はいっせいに分化するのではなく、脳形成の初期(マウスでは胎生中期)にはニューロン、胎生後期にはアストロサイト、出生後にオリゴデンドロサイトというように、発生段階にしたがって分化する細胞が変化します。この現象は培養皿の上で再現でき、たとえば、受精後(胎生)一一日目のマウス胎児(マウスの妊娠期間はおよそ二〇日)から調整した神経幹細胞はアストロサイトへ分化できませんが、胎生一四日目に調整した神経幹細胞は人為的にアストロサイトに分化させることが可能です。

アストロサイトを特徴づける遺伝子の一つにグリア繊維性酸性蛋白質(GFAP)遺伝子があります。熊本大学の中島欽一助教授(現奈良先端科学技術大学院大学教授)と田賀哲也教授らがこの遺伝子を調べたところ、転写開始点の上流にSTAT3という転写因子が結合する配列があり、この因子の結合が遺伝子の発現に必須であることがわかりました。そして、胎生一一日目の神経幹細胞やGFAPを発現しない細胞ではこのSTAT3結合配列がメチル化され、胎生一四日目の神経幹細胞やアストロサイトではメチル化が消失していました。さらに、いくつかの実験的証拠から、この結合配列がメチル化されているとSTAT3が結合できず、そのためGFAPは転写されないということがわかったのです(図14)。まさに、DNAメチル化が、遺伝子が転写可能な状態にあるのか、転写できない状態にあるのかを決めていたわけです。

ところで、胎生一一日目に調整した神経幹細胞を四日間培養すると、GFAP遺伝子のSTAT3結合配列は自然に脱メチル化し、アストロサイトへ分化できるように変化することがわかっています。つまり、細胞は内在性の時計にしたがって、DNAのメチル化状態と分化能を変えることができるのです。言い換えると、神経幹細胞はあらかじめ細胞系譜の決定についてのエピジェネティックなプログラムを用意しているのです。

さて、エピジェネティクスの基本的な仕組みがおわかりいただけたでしょうか。DNAの塩基配列には変化を与えないで、化学修飾というかたちで遺伝子に印をつけ、それをDNA複製と細胞分裂を経て次の細胞へ伝えていく……これがエピジェネティクスの仕組みの神髄です。次章からは、エピジェネティクスの関わるさまざまな現象について述べていきます。まずは、最先端の発生工学技術のことから話を始めることにしましょう。

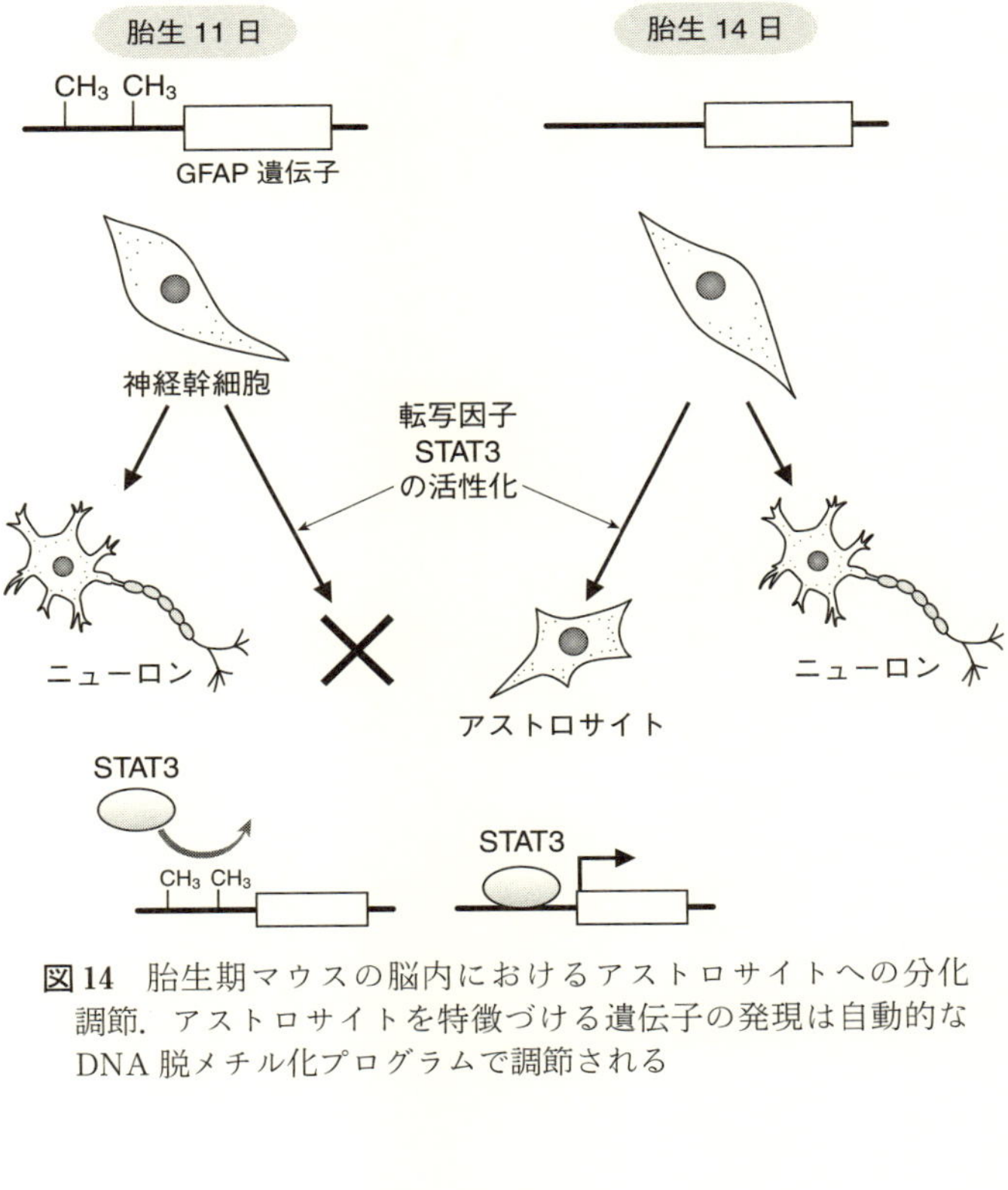

図 14　胎生期マウスの脳内におけるアストロサイトへの分化調節．アストロサイトを特徴づける遺伝子の発現は自動的な DNA 脱メチル化プログラムで調節される

3 さまざまな振舞い

父親なんていなくても…

ヒトゲノムの完全解読からちょうど一年経った二〇〇四年四月、東京農業大学の河野友宏教授らは、父親のいない単為発生マウスの作成に成功したと発表しました。単為発生とは、卵子が精子による受精を経ることなく個体を作ることをいい、ずっと哺乳類では不可能だと考えられてきたことです。河野教授らは二匹の雌マウスから採取した卵子に人工的な操作を加えることで、二つの母親由来ゲノムを持つ単為発生マウスを得ることに成功したのです。この研究は新聞やテレビによって、雄いらずのマウスとして報道されました。ちなみにこの雌マウスは「かぐや」と名づけられ、無事に成長して子どもを出産したそうです(図15)。

図15　単為発生マウス「かぐや」．尻尾の先端は遺伝子検査に使われた（東京農業大学河野友宏教授提供）

じつは、生物の世界で単為発生はそう珍しいことではありません。昆虫をはじめ、魚類、は虫類、そして鳥類でも、受精していない卵子から正常な個体が得られることが知られています。単為発生というのは、短期的に見れば簡単に子孫を作るよい方法のように思われますが、長期的に見れば母親と同じクローンを大量生産することになりますから、さまざまな環境に適応できるように遺伝的な多様性を保つことができる有性生殖より不利です。ですから、これらの生物もふつうは受精による生殖を行うのですが、特別な系統に属するものや、特殊な状況下（たとえば、交尾の相手が見つかりにくいなど）では単為発生によって子孫を残すのです。

では、どうして哺乳類に属する動物だけは単為発生がむずかしいのでしょうか。じつはそこにエピジェネティクスが深く関わっています。

ふつう、一対のゲノムを持つ二倍体の生物において、両親に由来する一対の遺伝子のどちらも等しく働くこと(性染色体の遺伝子を除きます)は、メンデル以来の遺伝学の常識でした。父親、母親由来のゲノムの働きが等しいからこそ、卵子(母親)ゲノムだけで個体ができる単為発生が可能なのです。

ところが哺乳類の場合、精子、卵子が作られる過程で、それぞれのゲノムに雄型、雌型の印づけが行われます(図16)。これはゲノム刷り込み(ゲノムインプリンティング)と呼ばれています。この刷り込みの影響を受ける遺伝子の数は全遺伝子のせいぜい一%(およそ二〇〇個)程度にすぎませんが、それらは受精後の発生途中の細胞の中でも雄由来か雌由来かを記憶し、その記憶に従って働くか休むかを決めます。たとえば、ヒトやマウスのインスリン様成長因子2(IGF2)遺伝子は、刷り込みにより雄(父親)由来のコピーだけが働くよう決められています。

もうおわかりと思いますが、単為発生では雄(父親)由来の遺伝子がないので、発生の途中で死んでしまうのです。正常な妊娠・出産には、父親由来と母親由来の両方のゲノムの存在と、それらのバランスのよい働きが必須なのです。

人間の場合でいうと、女性の卵巣で卵子が自然に単為発生を始めることがありますが、こ

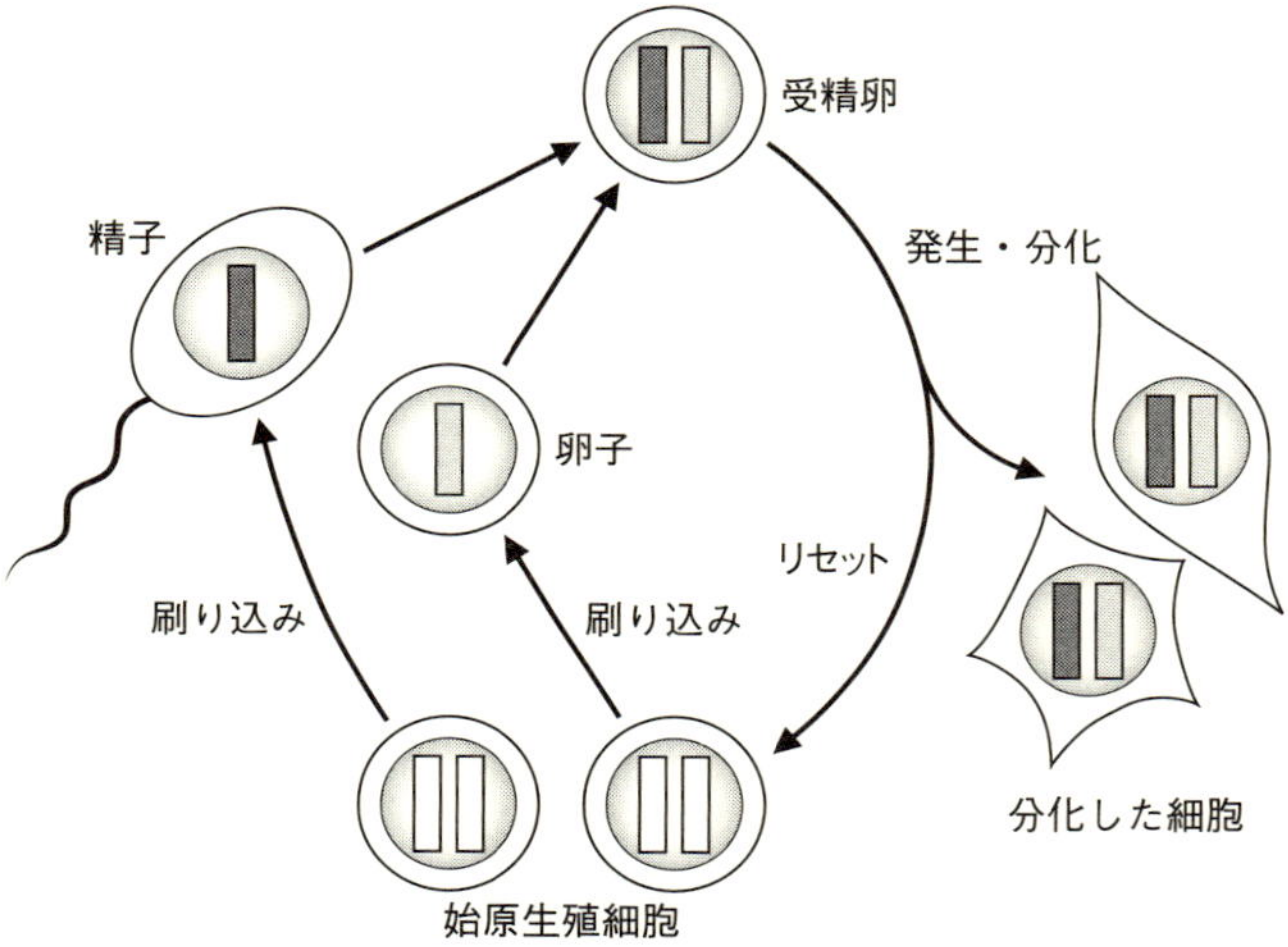

図 16　ゲノム刷り込みの模式図．哺乳類のゲノムは精子・卵子が作られる過程でそれぞれ雄型，雌型の刷り込みを受ける．刷り込まれた印は，受精後の発生過程でも維持されるが，生殖細胞では一旦リセットされ，精子・卵子形成過程でまた新たな印が刷り込まれる

れは奇形腫という良性の腫瘍となります。一方、何らかの理由で卵子のゲノムが消失し、精子由来のゲノムだけしか持たない受精卵が発生を始める（雄核発生と呼ばれる）ことがありますが、これは胞状奇胎という異常妊娠状態になり、産婦人科での治療が必要になります。このように刷り込みは病気とも関係しています。

この刷り込みが、典型的なエピジェネティックな現象であることは論を待たないでしょう。同一の塩基配列を持つ遺伝子が、雄を経由するか雌を経由するかで働きを変えるのですから、その分子的な仕組みとしてＤＮＡメチル化やヒストンの修飾を考えるのが自然です。実際、刷り込みを受ける遺伝子の近傍には、父親、母親由来の染色体間でＤＮＡメチル化状態が異なる領域があります。そこで、アメリカの研究グループが、維持型ＤＮＡメチル化酵素の遺伝子を破壊（ノックアウト）して、ＤＮＡ複製の際にメチル化が維持されない（つまり細胞が増殖するたびにどんどんメチル化が失われていく）ようなマウスを作成する実験を行いました。その結果、ＤＮＡメチル化を失ったマウス胎児では刷り込みが消えて、たとえばＩＧＦ２はどちらの親由来のコピーも働かなくなっていることがわかりました。

最近、私の研究室の金田正弘博士は、ハーバード大学・マサチューセッツ総合病院（現ノバルティス・ファーマ社）のエン・リー博士や理化学研究所の岡野正樹博士らとともに、精子や卵子が形成される過程で新規型ＤＮＡメチル化酵素が刷り込みに果たす役割を調べることに成功しました。通常の方法で新規型メチル化酵素の遺伝子をノックアウトすると、マウスは胎内で死亡するか、たとえ誕生しても生殖可能週齢に達する前に死亡するので、精子や卵子が作られる過程を調べることは不可能です。そこで、精子や卵子を作る細胞だけで新規型ＤＮＡメチル化酵素遺伝子をノックアウトし、その他の細胞では遺伝子が無傷のまま残るように細工をしたのです。これらのマウスは予想通り性成熟するまで生き延び、精子や卵子が作られる過程で刷り込みが成立するかどうかを調べることができました。その結果、精子や卵子で刷り込みが起こるためには、ＤＮＭＴ３Ａという新規型ＤＮＡメチル化酵素が必要なことがわかりました。この研究成果は、二〇〇四年六月にイギリスの科学雑誌『ネイチャー』に掲載されました。

「かぐや」はどのようにして生まれたのか

哺乳類には雄型刷り込みのゲノムと雌型刷り込みのゲノムの両方が必要なので、単為発生

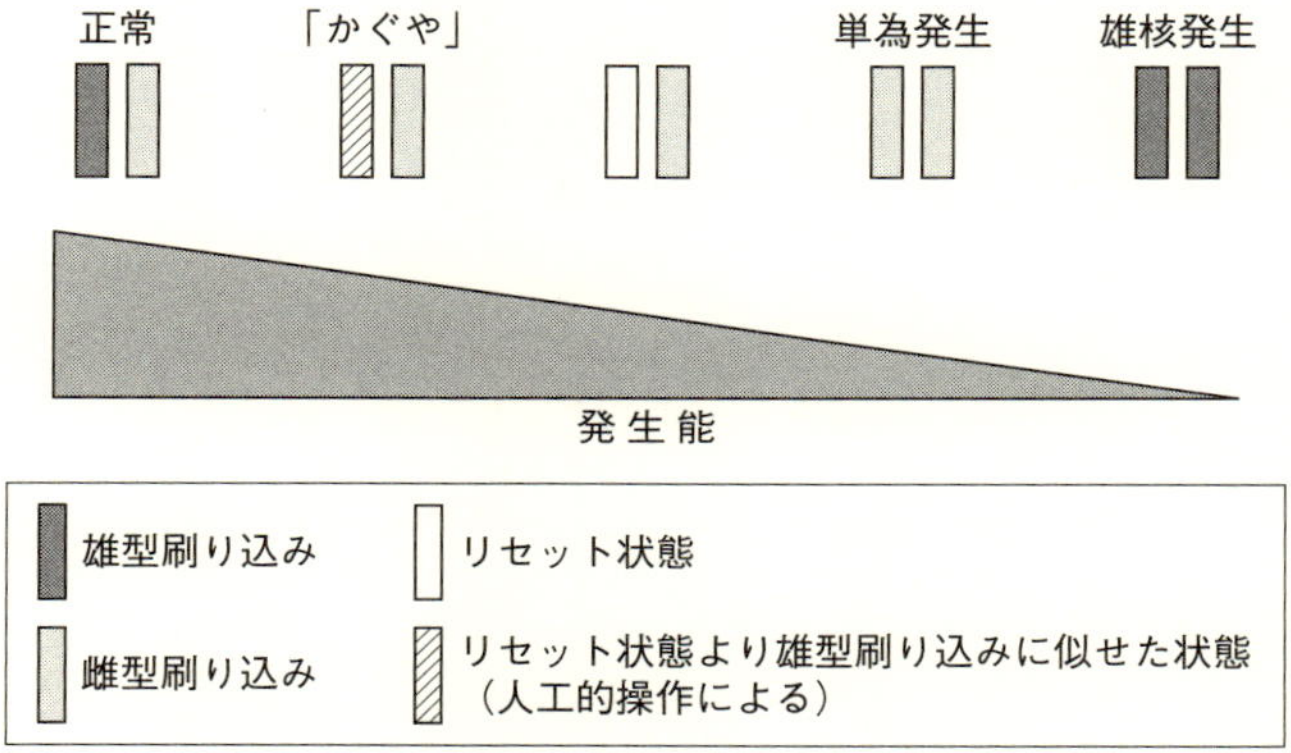

図17　ゲノムの刷り込み状態とマウス胚の発生能

は起こりえないということですが、それでは河野教授らはどのようにして雌型刷り込みしかもたない単為発生マウスを個体になるまで発生させることができたのでしょうか。

じつは、彼らはこれまでの研究成果からあることに気づいていました。それは、雌型刷り込みが成立する以前の（つまり「リセット状態」の）卵母細胞（卵子を作るもとの細胞）のゲノムは、雄型刷り込みを受けたゲノムに少し似た働きをするということです（図17真中のペア）。しかし、これはあくまで少し似ているだけで、そのようなゲノムを精子ゲノムの代わりに使っても、マウスは誕生するまでは発生しません。そこで河野教授らは、卵母細胞のゲノムがさらに雄型刷り込みの状態に似るよう細工をしました。すなわち、本来雌由来ゲノムでは働かないＩＧＦ２遺伝子が働くように細工をしたマウスの新生児を手に入れ、その卵巣から採取した卵母細胞の核を成熟した卵子に移植したのです。このマウスは、人工的に雄型刷り込みに似せたゲノムを一つと、成熟した卵子の雌型刷り込みゲノムを一つ持つことになります(図17左から二つ目)。このようにして、二匹の母親のゲノムを持つ「かぐや」を誕生させることができたのです。

刷り込みリセット状態が雄型刷り込み状態に似ているのにはわけがあります。雄型刷り込みを受ける遺伝子の数は、雌型刷り込みを受ける遺伝子の数よりずっと少ないのです。つまり、リセット状態のゲノムが雄型刷り込み状態になるには、ほんの数個の遺伝子がメチル化されればよいのです。

しかし、「かぐや」は完全に雄型の刷り込みを持つよう細工されていたわけではありません。「かぐや」では河野教授らも予想していなかった力が働いて、ＩＧＦ２以外のいくつかの刷り込み遺伝子の働きまで雄型に変わったのです。実際、彼らの実験で正常に育ったマウスは一％以下ですから、「かぐや」はラッキーな個体だったと言えるでしょう。これが単なる偶然の産物なのか、それともマウスの細胞がある程度刷り込みを補正する力を持っているのかについては、現時点ではわかりません。

哺乳類はなぜ単為発生を妨げる刷り込みを発達させたのでしょうか。その理由はよくわかっていませんが、単為発生が可能な生物はすべて卵生であることから、刷り込みは胎盤の発生か、胎盤を通した母体からの栄養供給と関係しているのではないかという説が有力です。たとえば、雄型刷り込みをもつゲノムは母体からできるだけ栄養を獲得するような働きをもち、雌型刷り込みをもつゲノムは胎児の成長を適度に抑えて、次の妊娠機会を生かすように働くという考え方があります。雌の生殖可能な時期は限られていますから、必ずしも食糧事情のよくない野生の状態で、体力や栄養の消耗を防ぐことは大事なことなのです。たしかに胎児の成長因子であるＩＧＦ２の遺伝子は雄由来で働き、雌由来では休むように刷り込まれていますし、ほかにもこの説に合致する刷り込み遺伝子があります。もちろん、すべての遺伝子の刷り込みがこの説で説明できるかどうか不明ですが、刷り込みが進化の過程で哺乳類の祖先の集団中に固定された理由としてもっともらしいように思われます。

刷り込みを受ける遺伝子によって決められる特徴は、父親か母親かいずれか一方からしか伝わりません。したがって、刷り込みを受ける遺伝子はあたかもメンデルの法則に従わないかのように振る舞います。エピジェネティクスの研究で、こんな不思議な現象まで解き明かされつつあるのです。

X染色体の不活性化

ゲノム刷り込みとならんで哺乳類で見られる典型的なエピジェネティックな現象に、X染色体の不活性化があります。これについてはすでに三毛猫のところで少し述べました。X染色体の不活性化は、人間を含めた哺乳類の雌が正常に発生し、生きていくのに必須の現象です。X染色体上にある遺伝子の発現する量は、雄(XY型)と雌(XX型)で同じになるよう、厳密に調節される必要があるからです。この現象では、雌の胚の発生過程で、二本のX染色体のうちの一方が不活性化されます。女性やマウスの雌の身体の細胞では、父親由来と母親由来のX染色体のうちの一方がランダムに選ばれ、不活性化されるのです。

ところが、一九七五年、北海道大学の高木信夫博士(現北星学園大学教授、北海道大学名誉教授)は、マウスの胎児に付属する胎盤などの組織では、父親由来のX染色体が選択的に不活性化されることを見つけました。これは刷り込み型のX染色体不活性化と呼ばれています。その後、有袋類では、胎児そのものの細胞でも、父親由来のX染色体が不活性化されることがわかりました。つまり、X染色体不活性化も動物種や組織によって刷り込みの影響を受けるのです。

ところで、X染色体不活性化では、刷り込みの場合とは異なり、DNAメチル化はそれほど大事ではないかもしれないと言われています。後で詳しく述べるヒストンの修飾がより大事な役割を果たし、DNAメチル化はそれを確実にする安定化因子ではないかと思われるのです。おそらく、エピジェネティクスの関わる現象には、DNAメチル化が中心となるものと、ヒストンの修飾が中心になるものの両方があると考えています。

いかがでしょう。同じ塩基配列でも遺伝子の働きが異なる、というエピジェネティクスの真骨頂がおわかりいただけたでしょうか。一個の細胞のなかの一対の遺伝子コピーの間でさえ、働きの変化が起こりうるのです。

クローンはコピーか

読者の中に一卵性双生児の方はいらっしゃいませんか？　日本でも諸外国でもだいたい一

○○○出産につき三、四組の一卵性双生児が生まれているそうです。一卵性双生児は、いうまでもなく、遺伝的にまったく同一です。しかし、身近に一卵性双生児がいる方はご存じだと思いますが、姿かたちはよく似ていても、やはりそれぞれ見かけに多少の違いがあるし、性格などもけっこう違っていたりします。そのような違いは何からくるのでしょうか。

第一の原因として環境があげられますが、もう一つ可能性が高いのはエピジェネティクスです。アサガオや三毛猫の話でも述べたように、場合によっては、エピジェネティックな遺伝子のスイッチは確率論にしたがって働きます。そのようなとき、二つの個体において、まったく同じエピジェネティックな変化が多くの遺伝子で起こる可能性はほとんどゼロですから、遺伝的に同一でもさまざまな違いが起こって当然です。また、個体が発生する過程で、エピジェネティックな遺伝子スイッチにミスが生まれる可能性もあります(エピ突然変異と呼びます)。ゲノム刷り込みの異常によって起こるベックウィズ・ウィードマン症候群という病気がありますが、一卵性双生児の片方だけがこの病気になった例が見つかっています。

遺伝的に同一なのに特徴に違いが見られる別の例は、核移植技術によって作られるクローン動物です。一九九六年にクローン羊のドリーが誕生して以来、牛、マウス、猫などでクローンが作られるようになり、真偽のほどは明らかではありませんが、人間のクローンを誕生させたと発表した団体もあります。

この技術では、ある個体のからだの細胞(ドナー)の核を取り、これを別の個体から採取した卵子(レシピエント)に移植します。レシピエントの卵子からはあらかじめ核を取り除いておきます。こうして作られた移植卵は、ドナーのゲノムがレシピエントの細胞質を借りて発生を遂げ、ドナーとよく似た個体が得られることになります。いうならば、クローンは時間が遅れて生まれてきた一卵性双生児のようなものです。(正確には、細胞質にも小さいながらミトコンドリアという遺伝情報を持つ小器官がありますから、ゲノムも細胞質も同一である一卵性双生児よりは遺伝的に離れていることになります。)二〇〇二年、三毛猫のクローンの誕生がニュースになりましたが、その三毛の模様はドナーのそれとは異なっていたそうです(図18)。クローン技術でペットを甦らせたいと思っておられる方は要注意ですね。

ところで、さまざまな体細胞(これまでに乳腺細胞、線維芽細胞、卵丘細胞などがドナーとして使われました)の核からクローン動物が得られることは、発生の過程でゲノムの塩基配列に変化がないことを証明しています。しかし、本書で述べてきたように、それぞれの細

ドナーの三毛猫　　出産親のトラ猫とクローンの三毛猫

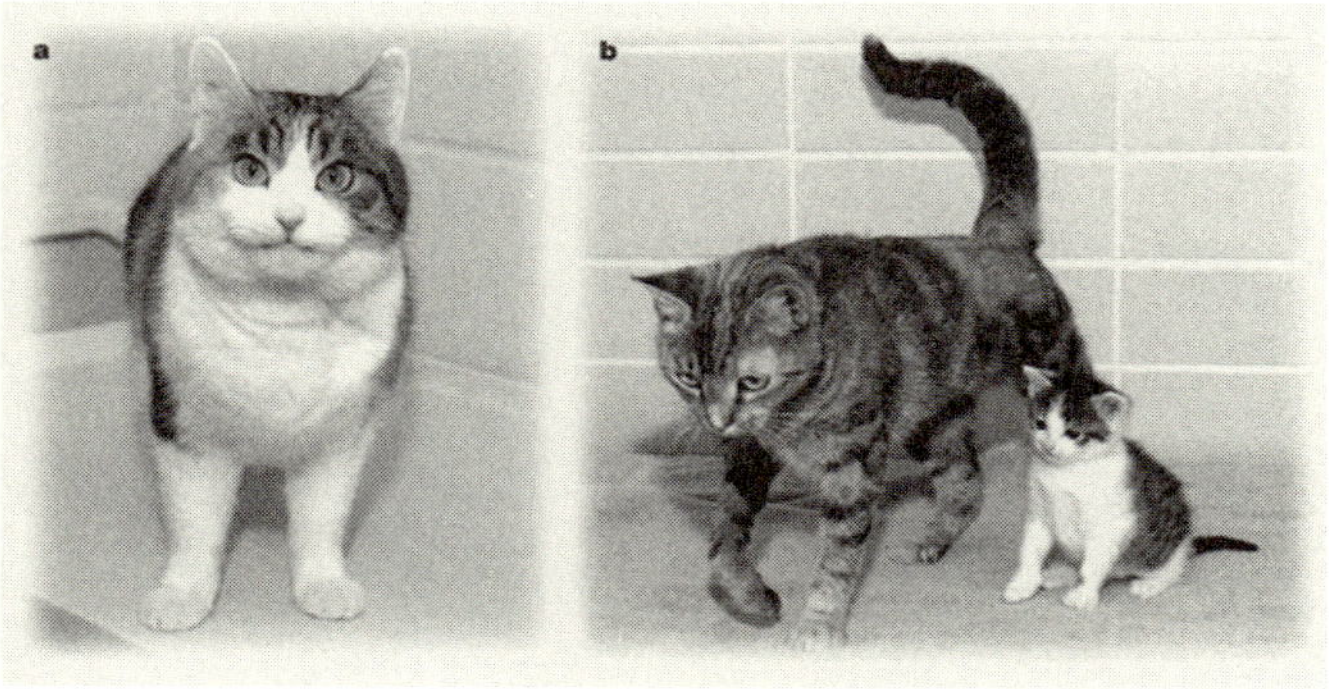

図18　三毛猫のクローン．クローン子猫の三毛模様はドナーとは異なっていた(T. Shin *et al.*, *Nature*, 2002, 415: 859より)

胞系譜は発生過程で特有のエピジェネティックな状態、たとえばDNAメチル化のパターンを獲得します。ですから、分化した体細胞のゲノムを使って、身体を構成する二〇〇種類の細胞を再び作り出すためには、一旦エピジェネティックな状態を未分化な初期胚の状態にリセットしなければなりません。このリセットを初期化とかリプログラミングと呼びます。これはクローンを作る際には必須のステップです。(ただし、ゲノム刷り込みの印だけは例外で、この印が初期胚でリセットされるとうまく発生できません。ですから、ここで述べるリセット(リプログラミング)は始原生殖細胞における刷り込みのリセット(図16)とは異なることにご注意ください。）おそらく、卵子へ体細胞の核を移植した直後から数回分裂するまでの間、つまり発生のごく初期にエピジェネティックなリプログラミングが起こると考えられます。しかし、このリプログラミングの仕組みはまったくわかっていません。

じつは、核移植によりクローン動物が誕生する確率は非常に低く、通常五％以下です。その原因として、大部分のクローン胚ではエピジェネティックなリプログラミングがうまくいかず、そのために発生の初期に死亡してしまうのではないかという意見があります。逆に、リプログラミングが効きすぎて、たとえばゲノム刷り込みの印までリセットしてしまうと、やはりうまく発生しないはずです。また、運良く誕生したクローン動物も、異常に大きな胎盤を持っていたり、出生直後に死亡したり、さまざまな異常を示すことが報告されています。東京大学の塩田邦郎教授らは、一見正常に見えるクローン動物にも異常なＤＮＡメチル化が見つかることを報告しています。このような状況下で、この技術をヒトのクローンベビー作成に応用するなどというのは乱暴と言わざるをえません。

クローン動物といえども完全なコピーではないということがおわかりいただけたでしょうか。そして、クローン技術を安全に活用するためには、エピジェネティックなリプログラミングの仕組みの解明が必要だということもおわかりいただけたでしょう。そのような科学的な知識は、今後この技術の倫理的な面を議論していくためにも重要だと思われます。

4 個性は伝わるか

獲得形質は遺伝する？

一八世紀から一九世紀にかけて活躍したフランスの生物学者ラマルクは用不用説を唱え、生物が誕生したのちに獲得した形質は遺伝しうると考えました。たとえば、キリンの首が長いのは木の葉を食べるために先祖代々首を伸ばし続けてきたからであり、そのようにして獲得した形質は生殖を経て子孫に伝えられるというのです。しかし、一般に動物では、体細胞で獲得された形質が精子や卵子に伝達されて、子孫へ伝わるとは考えられません。

二〇世紀には、ソビエト連邦のルイセンコが小麦の研究をもとに、獲得形質を遺伝的に固定できると唱えましたが、これが共産党の支持を得て反対派をことごとく粛正することにつながったため、ソビエト連邦の遺伝学は一時著しく遅れてしまいました。

しかしながら、植物では獲得形質の遺伝を示す観察例はたくさんあります。たとえば、肥料を与えられた亜麻はそうでないものより枝分かれが多く幅広い葉をもち、この形質は種子によって次世代へ伝えられることがわかっています。つまり、用不用説は間違いと思われますが、環境の影響で表れた形質は確かに子孫へ遺伝する場合があるのです。そして、そこにエピジェネティクスが関係しているらしいのです。

おや、エピジェネティクスというのは未分化な受精卵からさまざまな細胞が分化する過程でおこるDNAメチル化などの変化であり、世代ごとに再出発するものではなかったでしょうか。例外は哺乳類の精子、卵子によって伝えられるゲノム刷り込みですが、それも受精後、発生中の生殖細胞では一旦消去され、その個体が雄であれば雄型刷り込みを、雌であれば雌型刷り込みを新たに確立するはずです。ですから、必ず世代ごとにリセットがかかり、何世代にもわたって特定の状態が遺伝することはないと思われます。

確かに哺乳動物ではそうなのですが、植物では事情が違っています。たとえば、私の所属する情報・システム研究機構国立遺伝学研究所の角谷徹仁《かくたにてつじ》教授らは、DNAメチル化機構に異常のあるシロイヌナズナにおいて一旦メチル化が消失した遺伝子は、その後、正常なDNAメチル化機構の状態に戻してやってもメチル化が回復せず、メチル化消失状態が何世代もメンデルの法則にしたがって遺伝することを示しています。植物では新規メチル化は、効率よく働かないらしいのです。

また、発芽したイネの種子を脱メチル化剤である5-アザシチジンや5-アザ-2′-デオキシシチジンで処理すると、ゲノムのメチル化レベルが低下し、イネの背丈が低くなります。メチル化レベルの低下が背丈を調節する遺伝子の発現を変化させたのでしょう。そして、その低メチル化状態と低い背丈はメンデルの法則にしたがって遺伝するのです。つまり、植物ではDNAメチル化のリセットは起きないのです。この実験を行った奈良先端科学技術大学院大学の佐野浩教授らは、さらにトウモロコシの苗を低温処理することで脱メチル化が起きることを示しています。薬剤ではなく、環境の変化がエピジェネティクスの変化を引き起こすことを証明したわけです。

佐野教授らはこれらの結果を総合して、次のような仮説を立てています(図19)。まず、環境からのストレスがDNAメチル化を変化させ、これが遺伝子の働きを変えて新たな形質が

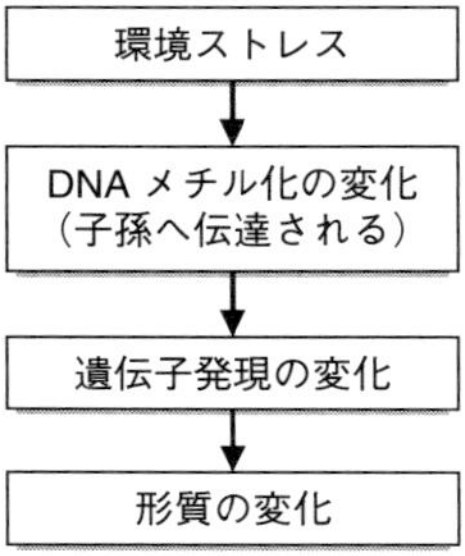

図 19　植物における獲得形質遺伝の仮説. DNA メチル化などのエピジェネティクスが重要な役割を担う

表れる。変化したＤＮＡメチル化状態はそのまま子孫へ伝達され、そのため遺伝子の働きの変化と形質の変化も遺伝する。つまり、獲得形質の遺伝はエピジェネティクスが担うというわけです。

毛の色はどう決まる？

では、動物では獲得形質の遺伝は起こらないのでしょうか。必ずしもそうとは言い切れません。まず、ヒトやマウスでは、メンデルの法則にのっとって遺伝するタイプのＤＮＡメチル化が報告されています。筆者らもそのようなマウスのメチル化の例を一九九一年に報告しました。その場合、精子や卵子が作られる過程や受精卵においてメチル化がリセットされないか、たとえリセットされても、再びそのコピーに特異的にメチル化が回復されるか（後者の場合、ＤＮＡ配列の違いが目印となると考えられ、純粋なメチル化状態の伝達ではありません）のどちらかだと考えられました。その後、別のマウスの例で、実際にＤＮＡメチル化

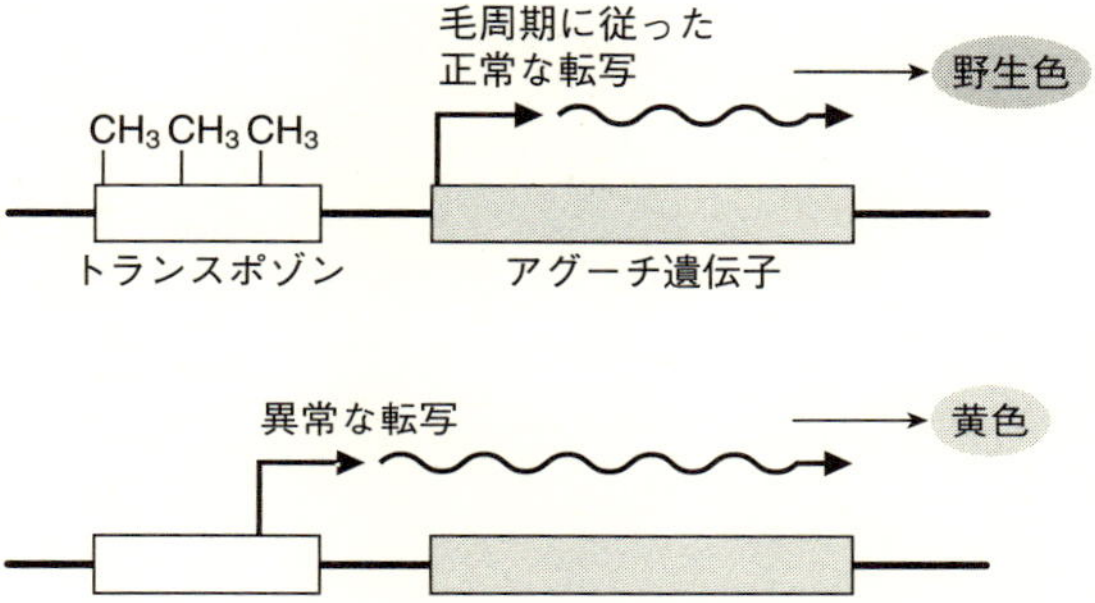

図 20　バイアブル・イエロー(vy)変異における毛色の変化はトランスポゾンのメチル化状態に依存する．このメチル化は個体の中でも変動しうる

状態がリセットされず、メンデルの法則にのっとって子孫に伝達されることが証明されています。ですから、やはり植物と同じようなことが起こりうるのです。

では、そのようなリセットされないメチル化が、動物の見た目や性質に影響を与え、まるでメンデル遺伝するようにふるまうことはあるのでしょうか？答はイエスです。シドニー大学のエマ・ホワイトロー博士は、マウスの毛色や尻尾の折れ曲がりについてとても興味深い現象を報告しています。ここでは、毛の色についてお話ししましょう。

マウスの毛色に影響を与えるアグーチという遺伝子があります。アグーチ遺伝子のバイアブル・イエロー（vy）と呼ばれる突然変異では、遺伝子の上流

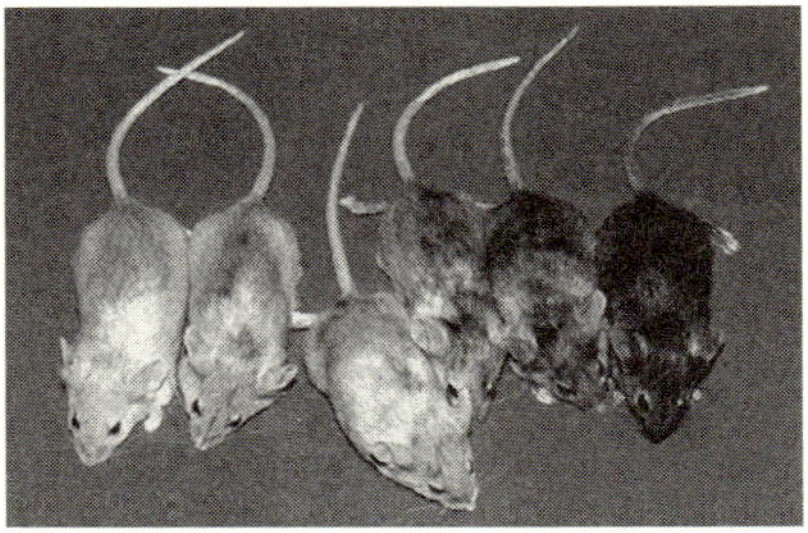

図 21　マウスのアグーチ遺伝子座のバイアブル・イエロー(vy)変異では，兄弟姉妹間でも連続的な毛色の変化が観察される(E. Whitelaw and D. I. Martin, *Nature Genetics*, 2001, 27 : 361–5)

にトランスポゾンが挿入されています(図20)。なんだかアサガオのところで聞いたような話ですね。このトランスポゾンには働きの強い転写開始点があり、そこから転写が始まると、毛周期にかかわりなく常時アグーチ蛋白質が作り出され、その結果、毛色は黄になることがわかりました。毛周期というのは発毛と脱毛のサイクルのことで、本来アグーチ遺伝子は毛が成長する時期のうちの限られた期間にだけ発現するのです。(じつは、ｖｙ変異ではただ毛が黄色になるだけではなく、肥満、糖尿病、発がん傾向なども見られるのですが、ここでは毛色に絞って話を進めます。)

ところが実際にｖｙ変異を持つマウスを観察すると、個体によって、ほぼ完全な黄色から、さまざまな程度に黄色と野生色が混じったもの、ほぼ完全な野生色に至るまで、連続的な変化が観察されます(図21)。そしてそれはトランスポゾンのＤＮＡメチル化状態と関係しているのです。つまり、トランスポゾンがメチル化されないと、先ほど述べたようにアグーチ蛋白質が常時作られ、黄色の毛色になります。一方、トランスポゾンがメチル化されると、アグーチ遺伝子自身の転写開始点から毛周期にしたがった転写が起こり、野生色になります(図20参照)。黄色と野生色の毛が混じったものでは、両者の細胞が混在していることを意味します。そしてこれらの連続的な変化が、ｖｙの雌から生まれてくる同腹の子どもたちにも見られるのです。

さて、ホワイトロー博士は次の点に着目しました。野生色のｖｙの雌から生まれる子どもたちは野生色になる傾向があり、黄色のｖｙの雌から生まれる子どもたちは黄色になる傾向があるのです(図22)。つまり毛色の表れ方に「遺伝傾向」が見られるのです。ホワイトロー博士は、いくつかの実験結果から、母親から子どもへｖｙ変異が伝えられる際に、トランスポゾンのメチル化が完全にはリセットされないことを突き止めました。そして、これが遺伝傾向の原因と考えています。すなわち、メチル化の低い卵子から作られる個体の細胞ではメチル化は低く抑えられる可能性が高く、メチル化の高い卵子から作られる個体の細胞ではメチル化は高くなる可能性が高いということです。

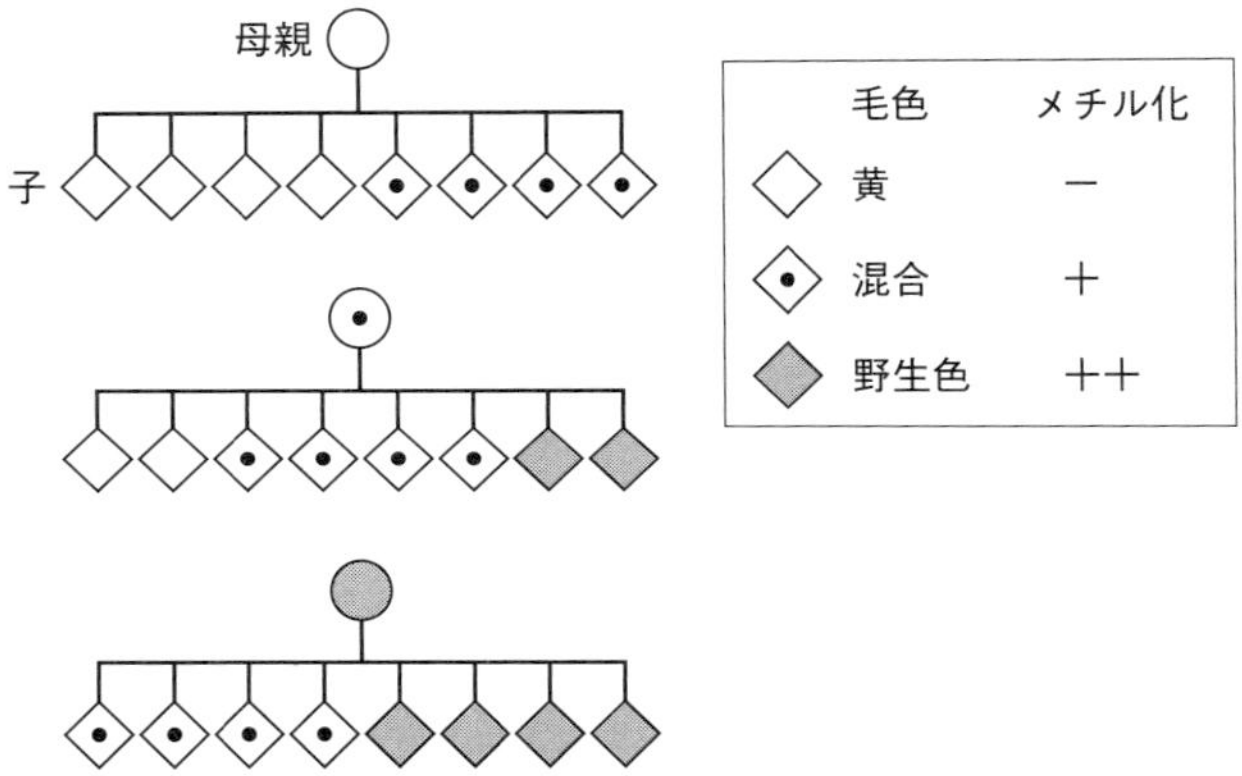

図 22　vy 変異の遺伝傾向．トランスポゾンのメチル化が，卵子が作られる過程で完全にはリセットされず，受精後，そのメチル化レベルを中心にさらに変動する．メチル化のレベルが毛色と相関する

ところで、父親から子どもへｖｙ変異が伝えられる際にも一連の毛色の子が生まれますが、この場合には遺伝傾向はありません。つまり、野生色の父親からも黄色の父親からも、同じ比率で一連の毛色の子が生まれてくるのです。どうも、このトランスポゾンについては、精子が作られる過程と卵子が作られる過程でメチル化のリセットのされ方に違いがあるようです。

食餌の影響

では、環境がこのような見た目の特徴に影響を与えることがあるのでしょうか。

じつは、食餌がｖｙの毛色変化に影響を与える可能性が、アメリカの研究グループから報告されています。

まず、雌のマウスに、メチル基の供給源であるS-アデノシルメチオニンの合成に関わる栄養素、たとえばビタミンB12、葉酸、コリン、ベタインなどを過剰に含む食餌を与えておきます。この雌とｖｙ変異を持つ雄とを交配して妊娠させます。そして、妊娠期間中および出産後の授乳中も右と同じ食餌を与えます。このような母親から生まれたｖｙ変異の子どもたちは、トランスポゾンのメチル化の程度が有意に上昇し、その結果として野生色になる確率が高くなっていたというのです。

この結果の信頼性や、このようなことがどの程度一般的なのかは慎重に検討する必要があります。しかし、もしかすると植物と同様、動物でも獲得形質の遺伝が起こるかもしれないことを示しています。いずれにしても、妊娠の可能性のある方はバランスのよい食事を心掛けた方がいいですね。

エピジェネティクスは遺伝的なプログラムにしたがって働くだけでなく、偶然や環境をも取り込みつつゲノムを操ることができることがおわかりいただけたでしょうか。エピジェネティクスはとても柔軟性に富み、寛容な遺伝子の調節機構と言えるかもしれません。

5 もっと複雑な仕組み

ダイナミックなクロマチン

ここまではDNAメチル化を中心として話を進めてきましたが、じつはエピジェネティクスの仕組みはもっと複雑です。それに、出芽酵母や線虫のように、DNAメチル化をまったく持っていないのに、エピジェネティックなゲノムの調節を行っている生物もいます。ここではそのような仕組みについてお話ししましょう。

細胞核の中でゲノムDNAは裸で存在しているわけではなく、さまざまな蛋白質とともにクロマチン(染色質)と呼ばれる複合体を形成しています。顕微鏡観察に用いる染料によく染まるのでこの名がつけられました。先に述べた転写因子やメチル化CG結合蛋白質もクロマ

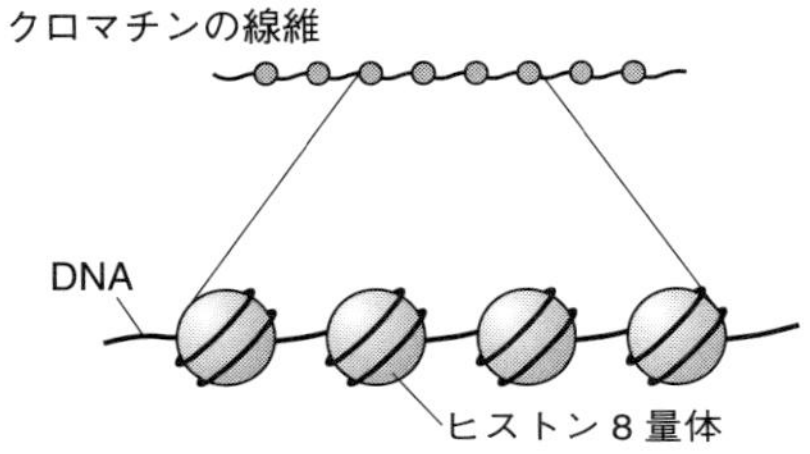

図23 クロマチンの最小単位．ヒストン8量体にDNAが2回(147塩基)巻きついたもの．これがビーズのようにDNAの糸でつながっている

チンの一部ですが、最も多量に含まれるのはヒストン蛋白質です。ヒストンはクロマチンの基本的な構成要素で、これが長いＤＮＡをコンパクトに核内に収納するための最小単位を作ります。すなわち、四種類のヒストンが二個ずつ集まって合計八個からなる集合体(八量体)を形成し、その周囲をＤＮＡが二回転巻いたもの(一四七塩基の長さ)が最小単位となります。そして、これがＤＮＡを介していくつもつながった構造になっているのです(図23)。これを電子顕微鏡で観察すると、ＤＮＡの糸にヒストン八量体のビーズがたくさん並んだように見えます。

ヒトなどの哺乳類の遺伝子の大きさは、連続したビーズ数個から一〇〇〇個ほどもあります。したがって、ＲＮＡポリメラーゼが遺伝子を転写するときにはたくさんのビーズを通りすぎなければなりません。また、さまざまな転写因子はビーズとビーズをつなぐ部分のＤＮＡには容易に結合できますが、ビーズの部分では内側にヒストン八量体があるため、外側からしかDNAに近づけません。転写の際にはビーズの位置をずらしたり、一時的に糸からはずしたりする必要があるのです。

じつは、DNAがメチル化を受けるのと同様、ヒストン蛋白質も化学的な修飾を受け、これがクロマチンの転写可能な状態と転写抑制の状態を調節していることがわかってきました。たとえば、八量体を形成する四種類のヒストン(H2A、H2B、H3、H4があります)はいずれもアセチル化(アセチル基が付加される反応)を受けますが、転写が活発に行われている領域ではアセチル化されており、転写抑制領域では脱アセチル化されています。そもそもヒストン蛋白質はリジンやアルギニンなど正に荷電したアミノ酸をたくさん含んでおり、そのため、リン酸基で負に荷電したDNAと安定に相互作用することができるのです。しかし、リジンがアセチル化されると、ヒストンの正の荷電が失われてしまいます。そうすると、ヒストンとDNAが相互作用する力は緩くなり、転写しやすい状態になると考えられるのです。特に各ヒストン蛋白質のテイル(尻尾)と呼ばれる部分には、アセチル化を受けるリジンがたくさん存在することがわかっています(図24)。

われわれの細胞の中にはたくさんの種類のヒストンアセチル化酵素、脱アセチル化酵素が

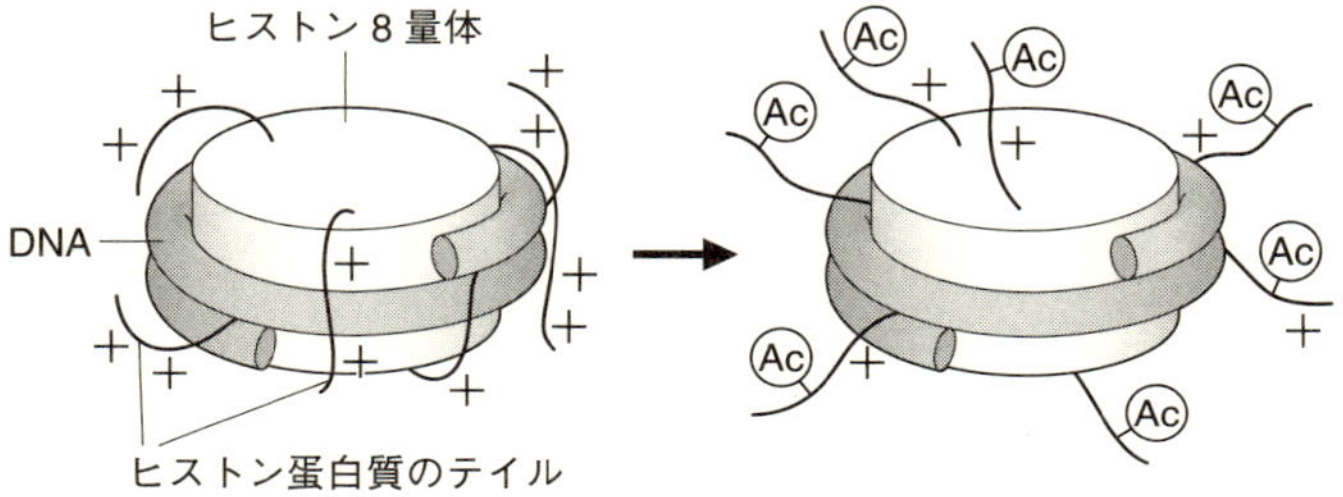

図 24　ヒストン蛋白質のアセチル化．テイル部分のリジンがアセチル化(Ac)されると正の電荷が減少する．これは転写されやすいクロマチン構造を作る

あります。ヒストンアセチル化酵素のいくつかは転写因子と複合体をつくり、直接転写の開始を促進しているようです。逆に、先に述べたメチルCG結合蛋白質はヒストン脱アセチル化酵素と複合体を形成し、メチル化されたDNA領域を脱アセチル化することで、転写抑制状態をさらに強めています。このように、DNAとヒストンのアセチル化・脱アセチル化は協力して転写を調節しているのです。

ヒストンの化学修飾にはアセチル化のほか、リン酸化、メチル化、ユビキチン化、ADPリボシル化、グリコシル化などさまざまなものがあります。最近著しく研究が進んだのはメチル化で、これもエピジェネティックな機構として非常に重要です。なかでもヒストンH3の4番目のリジンのメチル化と、9番目や27番目のリジンのメ

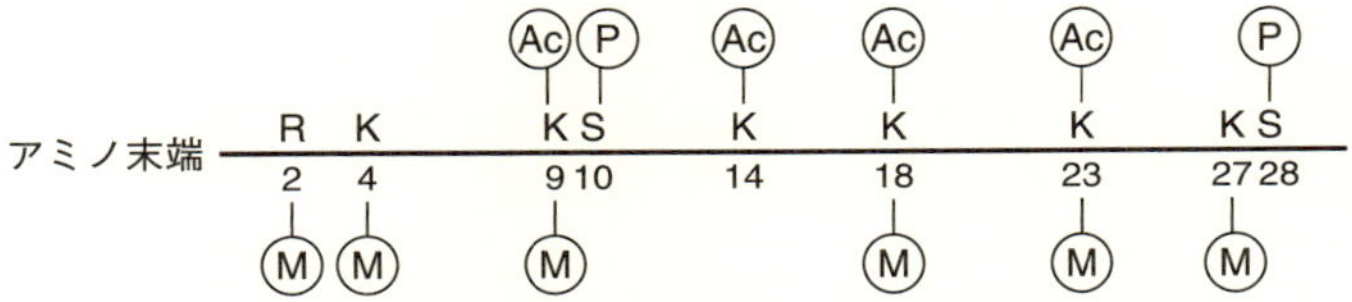

図 25　ヒストン H3 のテイル(アミノ末端部分)の化学的修飾．アミノ酸は R がアルギニン，K はリジン，S はセリン．数字はアミノ末端から数えた位置．修飾基は M がメチル基，Ac はアセチル基，P はリン酸基

チル化は、転写調節の目印として中心的な役割を果たし、前者は転写促進と、後二者は転写抑制と関係することがわかっています(図25)。メチル化された9番目のリジンにはHP1という蛋白質が特異的に結合し、その働きにより糸とビーズはさらに折りたたまれ、ヘテロクロマチン(異染色質)と呼ばれる凝集した構造を作ります。ヘテロクロマチンは最も転写が起きにくい領域です。

ヒストンメチル化酵素にもたくさんの種類があり、それぞれ標的となるリジンや、転移するメチル基の数に違いがあることが知られています。二〇〇一年、オレゴン大学の田丸尚博士(現情報・システム研究機構国立遺伝学研究所研究員)は、アカパンカビのDNAメチル化状態が極度に低下する突然変異体を調べていて、ヒストンH3の9番目のリジンをメチル化する酵素に変異が起きていることを突きとめました。つまり、アカパンカビではヒストンのメチル化に依存してＤＮＡメチル化が起きることが明らかになったのです。先に述べた、ＤＮＡメチル化がヒストンの脱アセチル化を誘導するのとは逆のパターンではありますが、ここでもＤＮＡとヒストンの修飾との密接な関係が見つかったのです。

情報整理の手段として

エピジェネティクスの仕組みについてひととおり述べたので、ＤＮＡメチル化の説明のときの書類の整理・保管に話を戻して、まとめてみましょう。ＤＮＡやヒストンのさまざまな修飾は、それぞれの文書を分類するために貼り付けるインデックスまたはタブと考えればいいと思います。メチル基、アセチル基など色別のインデックスを目印にすれば、どの書類をどのフォルダに入れればいいのか、どの場所に保管すればいいのかが一目でわかります。そしてヘテロクロマチンのような最も転写抑制の強い領域は、キャビネットの引き出しの一番奥にしまい込めばいいのです。

エピジェネティックな仕組みは、膨大なゲノムの情報を使いこなさなければならない生物が考え出した、巧妙な情報整理の手段と考えられます。一方、インデックスはそれ自体情報ですから、これをＤＮＡの塩基配列とは別の次元の遺伝情報ということもできます。ヒストンの修飾パターンを遺伝暗号ならぬヒストン暗号(ヒストンコード)と呼んだりするのもその表れでしょう。

最後に、ＤＮＡやヒストンの修飾は、クロマチンの構造に変化を起こすさまざまな蛋白質と共同作業していることを述べておきます。先に述べた凝縮したヘテロクロマチンの形成もその一つです。逆にクロマチンを弛緩した状態にする蛋白質もあります。そして、それらの蛋白質の間には、ＤＮＡメチル化とヒストン修飾との間に見られたのと同様、お互いに影響を及ぼし合うネットワークがあるのです。

また、最近の研究から、メッセンジャーＲＮＡとは別のタイプのＲＮＡがエピジェネティクスに関わることがわかってきました。それらは蛋白質の設計図をもたないＲＮＡで(非コードＲＮＡと呼ばれます)、遺伝子の逆鎖側から転写されるアンチセンスＲＮＡなるものもあります。カビや植物では、転写された非コードＲＮＡが、同じ塩基配列を持つＤＮＡ領域にメチル化を起こすことがわかっています。しかし、これらのエピジェネティックな仕組みの詳細はまだ不明です。

6 病気との深い関係

エピジェネティックな病気

エピジェネティクスがさまざまな生命現象と深く関わるということは、その仕組みに異常があると病気が起こる可能性を示しています。そして、そのとおり、近年になってエピジェネティックな病気がいろいろ見つかりました。そのうちのいくつかを紹介しましょう。

新規型DNAメチル化酵素遺伝子の一つ、DNMT3Bに突然変異が起こると、ICF症候群という稀な遺伝性の病気になります。ICFとは免疫不全(およびそれに伴う感染症)、セントロメア(動原体、染色体の一部で、細胞分裂に際して染色体の分配に関わる部分)の不安定性、特徴的な顔つきという三つの主症状の頭文字をとって名づけられたものです。この新規型ＤＮＡメチル化酵素遺伝子は20番染色体上にあり、この病気は常染色体劣性遺伝を呈します。患者のＤＮＡを調べてみると、染色体のセントロメア近傍にある、サテライトＤＮＡと呼ばれる繰り返し配列のメチル化が消失していました。正常な状態では、この部分は高度にメチル化されています。

さらに、患者さんのリンパ球の染色体を観察してみると、1番、9番、16番染色体のセントロメア部分の、伸長、切断、再結合などが見られました(図26)。つまり、この新規型ＤＮＡメチル化酵素はサテライトＤＮＡのメチル化を行う酵素であり、その部分が正常にメチル化されていないと、セントロメア近傍のヘテロクロマチンの構築がうまくいかず、さまざまな染色体異常を起こすらしいのです。このように、ＤＮＡメチル化は染色体の安定性にも大きな貢献をしています。

マウスでこの新規型ＤＮＡメチル化酵素の遺伝子をノックアウトすると流産することから、ヒトでも完全欠損は致死なのかもしれません。ということは、ＩＣＦ症候群患者のもつ変異は完全に機能を損なうものではないのでしょう。実際に、部分欠損であろうと推定される変異が多数見つかっています。

私たちの研究室では、山梨大学の久保田健夫教授らとの共同研究で日本のＩＣＦ症候群患者を調べ、ＤＮＭＴ３Ｂ遺伝子中に三つの新しい突然変異を発見しました。ところが、明らかにＩＣＦ症候群と診断される患者のなかに、ＤＮＭＴ３Ｂ遺伝子に突然変異をもたない人がいることもわかってきました。きっと、新規型ＤＮＡメチル化酵素ＤＮＭＴ３Ｂと共同でサテライトＤＮＡのメチル化を行う別の蛋白質があり、その遺伝子に変異があるのではない

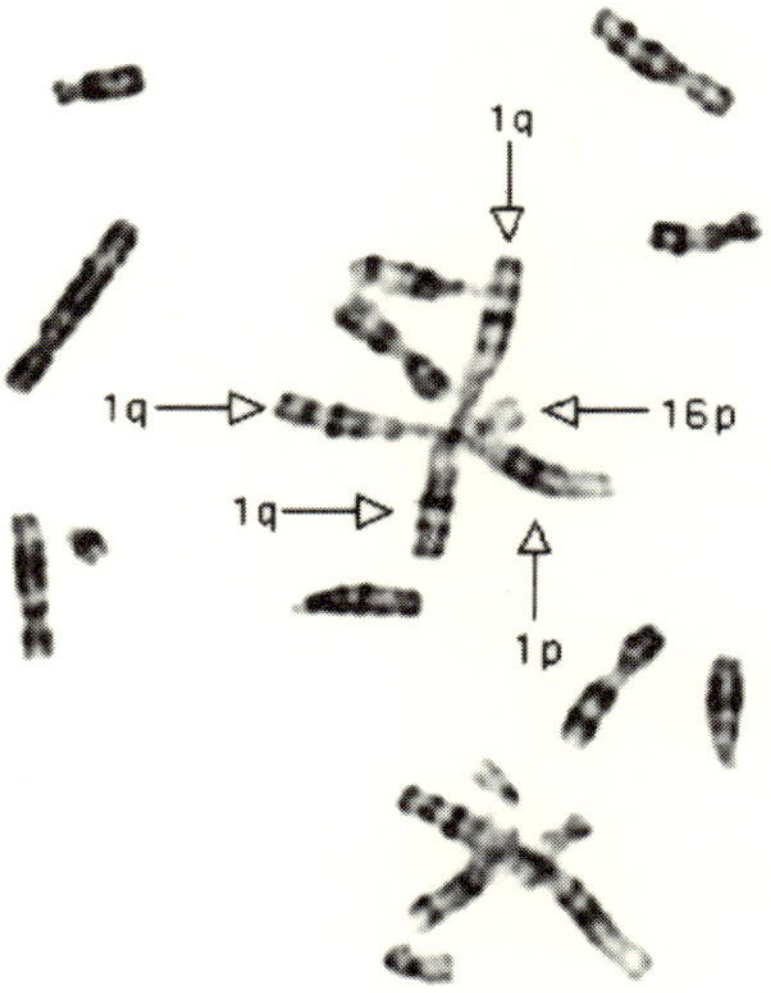

図 26　ICF 症候群の患者のリンパ球で見られる染色体異常．1番および 16 番染色体の短腕(p)および長腕(q)がセントロメア部分で結合し，異常な放射状を呈している．この患者では免疫異常や顔の奇形が見られる(山梨大学久保田健夫教授提供)

かと推定されます。このように、一つの遺伝病のように見えても複数の遺伝子が関係している場合もあり、病気の解明はなかなかむずかしいものです。

障害のある子どもたちを養育する施設を訪ねると、レット症候群の女の子によく出会います。レット症候群はてんかん、自閉症、特有の手もみ動作、知能低下などを特徴とする代表的な小児神経疾患で、女児一万から一万五〇〇〇人に一人くらいの発症率と言われています。

一九九九年、この病気の原因遺伝子は、X染色体上にあるメチルCG結合蛋白質の一種であるMeCP2を作る遺伝子であることがわかりました。レット症候群の女児は、二本のX染色体の一方にこの遺伝子の変異を持っているのです。先に述べたように、女性の体細胞では二本のX染色体の一方がランダムに不活性化されますから、患者のおよそ半分の細胞では正常なMeCP2遺伝子が転写され、別の半分の細胞では変異型のMeCP2遺伝子が転写されることになります。後者の細胞では正常なMeCP2蛋白質は作られないので、その結果、症状が表れることになるのでしょう。一方、性染色体の構成がXYである男児にこの変異があると、正常なMeCP2蛋白質はまったく作られませんから、おそらく流産してしまいます。ですから、患者のほとんどが女児になるのだと思われます。MeCP2はからだのほとんどの細胞で転写抑制因子として働いているはずなのですが、なぜ神経症状だけが表に出るのかはわかっていません。

エピジェネティクスの仕組みに異常がある病気は、DNAメチル化に関係するもの以外にもたくさんあります。たとえば、ルビンシュタイン-テイビ症候群は、ヒストンアセチル化酵素の一つであるCBPの変異によって起こり、知能発達の遅れ、顔貌の異常、幅広い拇指、低身長などの症状を呈します。CBPは標的遺伝子付近のヒストンや基本転写装置の構成因子をアセチル化することで転写を促進することが知られているので、これらの遺伝子が効率よく転写されないことが症状を引き起こすのであろうと考えられます。

一方、ゲノム刷り込みに関連した病気というのも知られています。先に述べたように、刷り込みを受ける遺伝子は、父親由来、母親由来の一対のコピーのうち一方だけが働きます。そのせいで、母親由来のゲノムしかもたない単為発生卵子は卵巣の良性腫瘍になり、父親由来のゲノムしかもたない受精卵は胞状奇胎になることは述べました。

神奈川県立こども医療センターの黒澤健司博士と那須中央病院の西村玄博士らは、14番染色体が二本とも父親由来(このような状態を父性ダイソミーと呼びます)である赤ん坊は、胸

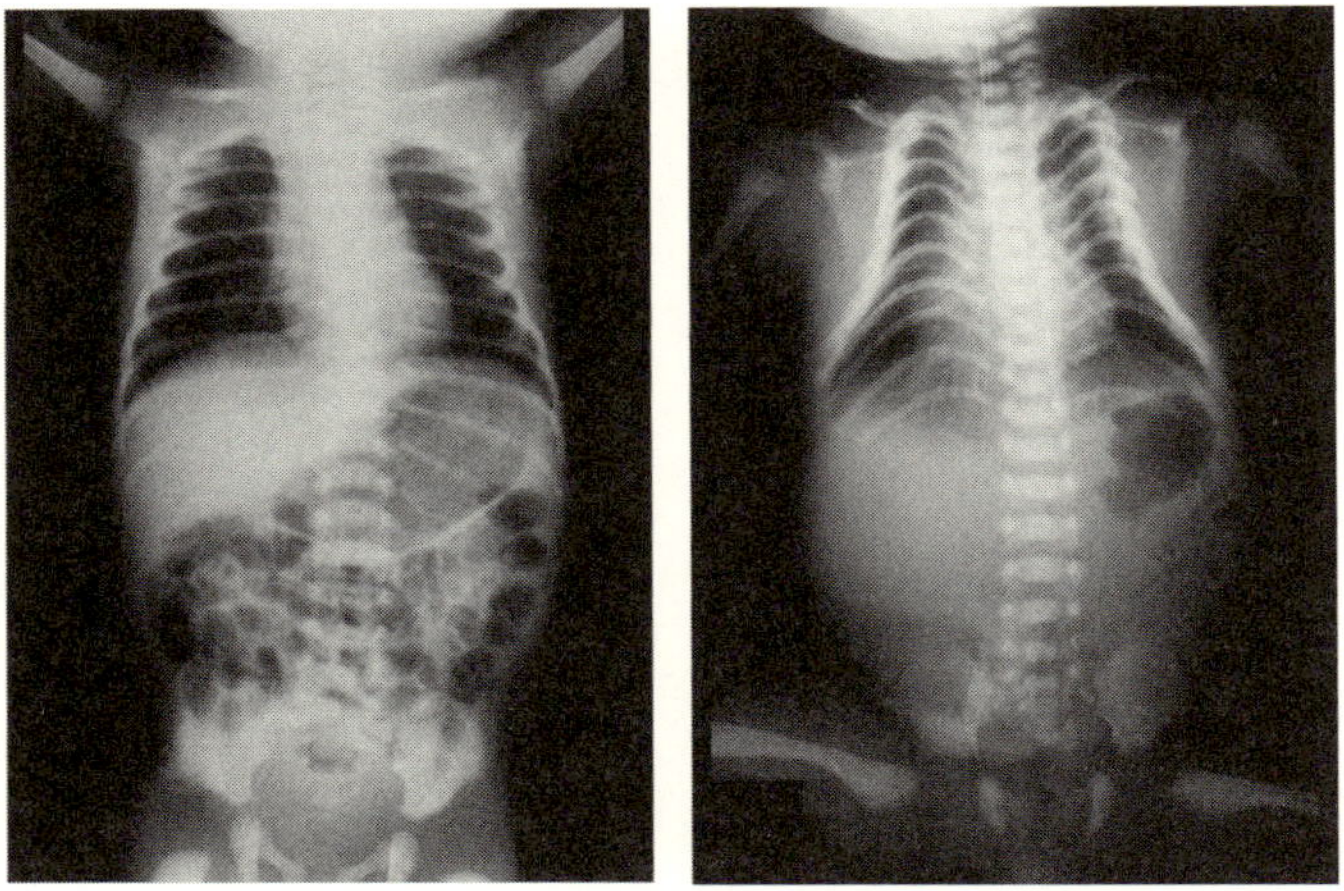

図 27　14 番染色体の父性ダイソミーの胸部 X 線写真像．患児では胸郭が狭くなる変形があることがわかる(右)

郭の形成異常や腹壁ヘルニアなどの症状を呈することを見つけました(図27)。ダイソミーは、両親の配偶子ができる際、減数分裂で染色体の分配がうまくいかなかった場合に起こります。この14番染色体上には骨や筋肉の発達に重要なＤＬＫ1という遺伝子があり、この遺伝子は父親由来のコピーだけが働くよう刷り込みを受けることがわかっています。14番染色体の父性ダイソミーでは、この遺伝子の作るＤＬＫ1蛋白質の量が正常の二倍になりますから、これが症状を起こす原因ではないかと疑われています。詳しくは述べませんが、刷り込みの関与する子どもの先天異常はたくさん知られており、ベックウィズ・ヴィードマン症候群、プラダー・ウィリー症候群、アンジェルマン症候群などが有名です。

DNAメチル化とがんの関連

なんだかむずかしい病気の話ばかりしてきましたが、エピジェネティクスはもっと身近な病気と大きな関わりを持つことがわかっています。そのうち最も重要な病気はがんです。がん細胞でゲノムDNAが全体的に低メチル化状態にあることは、およそ二〇年前に発見されました。これはがんの種類を問わず見られ、しかもがん化する以前の腺腫など、良性腫瘍でも見られる傾向です。ゲノムの低メチル化状態は、染色体の欠失や再編成などの不安定化を引き起こすと考えられ、これが悪性化を促進すると考えられます。また、低メチル化はトランスポゾンの活性化を引き起こしますから、これが染色体を不安定にする原因の一つとなるのかもしれません。しかし、それだけではなく、低メチル化により本来適度に調節されるべきがん遺伝子の働きが増加する場合があるのではないかと疑われています(表1)。

どうしてがんでDNAメチル化が低くなっているのか、その理由はわかっていません。し

表1　がんでDNAメチル化の異常を示す主な遺伝子と，それらの遺伝子から作られる蛋白質の働き

メチル化異常	遺伝子名	働き
低メチル化	HRAS	細胞増殖促進
	MAGE	精巣特異的抗原
高メチル化	E-カドヘリン	細胞接着
	p15，p16	細胞増殖阻害
	MLH1	DNAの傷の修復
	RB，VHL	細胞増殖阻害

かし、生体におけるメチル基供与体であるS-アデノシルメチオニンの前駆物質をたくさん摂取すると大腸がんになりにくいとされていますし、S-アデノシルメチオニンの合成に関わるメチレンテトラヒドロ葉酸還元酵素の遺伝的な違いが、大腸がんの発症率と相関するという報告もあります。逆に、ラットにS-アデノシルメチオニンの合成に必要なコリンなどが欠乏した食事を与えると、肝臓がんの発症率が上昇するそうです。

ところが、がんで見られるDNAメチル化の異常は低メチル化だけではないことがわかってきました。いくつかの遺伝子は逆にがん細胞の中で高度にメチル化されていたのです(表1参照)。

たとえば、乳がんではE-カドヘリンという細胞接着因子の遺伝子がしばしば高度にメチル化され、働きが抑えられて

います。また、さまざまながんでRB、VHL、p15、p16、MLH1といった遺伝子がメチル化されています。これらの遺伝子は、正常な細胞の中ではメチル化されることはありません。それらは細胞の増殖を抑えたり、DNAに傷が入ったときに修復したり、がんの転移を抑えたりする働きがあり、一般にがん抑制遺伝子と呼ばれるものです。それらの転写がメチル化により抑えられることが、がんの発生や悪性化に関係すると考えられるわけです。

もちろん、DNAメチル化が最初にこれらの遺伝子を抑制するのか、それとも一旦抑制された状態を安定化しているだけなのかはわかりません。しかし、このようながんに対しては、あとで述べるようにDNAからメチル基を取り除く治療の試みが始まっています。

しかし、がんにおけるエピジェネティックな異常はDNAメチル化に限ったことではありません。ある種の白血病では、ヒストンアセチル化酵素の遺伝子が染色体転座により再編成されて、異常な融合蛋白質を作ることがわかっています。標的となる遺伝子の正しいヒストンアセチル化状態が乱れることで、それらの遺伝子の働きの異常が起こり、白血病を発症すると考えられます。

話をDNAメチル化に戻しますが、最近の研究から、加齢に伴ってさまざまな遺伝子のメチル化が亢進することがわかってきました。逆に、細胞分裂を繰り返しているうちに、維持メチル化の失敗で本来のメチル化を失ってしまうこともあり得ます。さらに、前述したように、環境要因や生活習慣でメチル化が変化する可能性もあります。このことは、エピジェネティクスの関わる病気が決してまれなものではないことを示唆しています。

実際、がんのように解明されているわけではありませんが、動脈硬化、喘息、糖尿病、統合失調症、アルツハイマー病など、よく見かける病気でもエピジェネティクスの関与が疑われています。さらに、不妊や習慣性の流産の少なくとも一部がエピジェネティクスの異常によることは、ほぼ間違いありません。しかし、これらの病気の研究はまだ始まったばかりです。

5-メチルシトシンの突然変異

最後にもう一つだけ、DNAメチル化と病気との関係について述べておきたいと思います。それは、5-メチルシトシンはとても突然変異を起こしやすいということです。おや、DNAメチル化は生命にとってとても大事だという話だったのに、と思われるかもしれませんが、

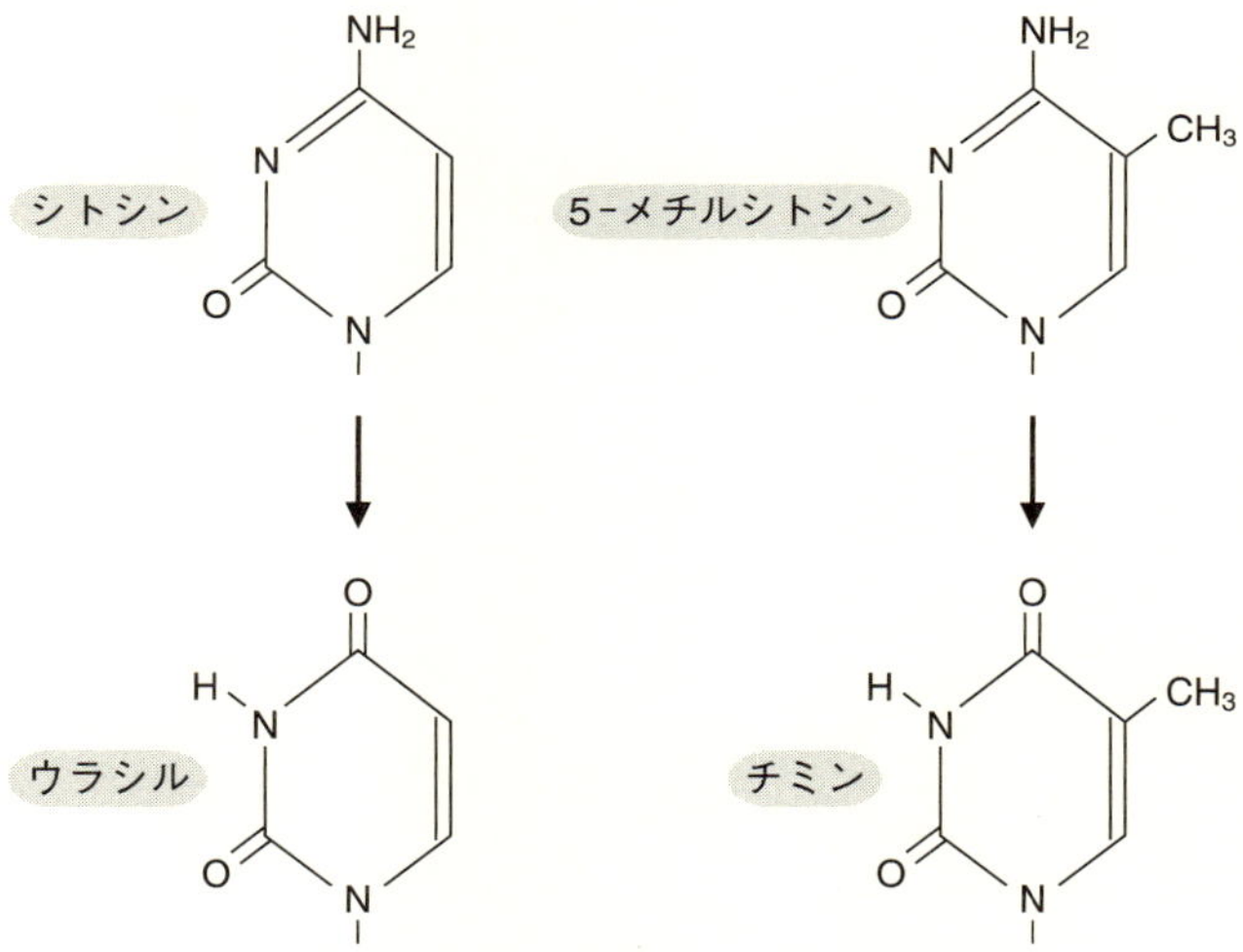

図 28 脱アミノ化による DNA 中の塩基の変化

こういう怖い面も持っているのです。

じつは、C(シトシン)は低い頻度で自然に脱アミノ化という変化を受け、U(ウラシル、RNAの構成要素)という塩基に変化することが知られています(図28)。しかし、私たちの細胞にはDNA中のUを見つけてCに戻す修復機能が備わっていますから、これはあまり問題にはなりません。ところが、5-メチルシトシンに同じ脱アミノ化が起こるとT(チミン)に変わります。このTはDNAの正常な構成成分の一つですから、修復が起こりにくいのです。ですから、メチル化を受けるCGはTGに変化してしまうことがあります。実際、ヒトの遺伝病やがんなどで見られる突然変異のおよそ四〇%はこの変化で説明できるとされています。

それでも生物がDNAメチル化を利用し続けているのには、もちろんそれなりの利点があるからで、そのあたりが生命の不思議なところです。いや、むしろ突然変異を起こすことで生物の進化に一役買っている、と言えるのかもしれません。

新しい診断法として利用する

さまざまな病気がエピジェネティックな異常で起こることがわかってくると、これを新しい診断法として有効利用しようという発想が当然起こります。たとえば、がん抑制遺伝子のメチル化の度合いを調べることで、悪性度や進行度を判定したり、どのがん抑制遺伝子が抑えられているかで、治療法の選択を変えたりすることが可能になるかもしれません。

また、最近注目を浴びている幹細胞医療(胚性幹(ES)細胞や患者本人の組織幹細胞を利用して、移植用の組織片を作り出す医療)では、人工的な操作の間にエピジェネティックな異常が起きていないか、目的とした細胞に分化しているかをモニターするのに、DNAメチル化をはじめとするエピジェネティックな検査が必要になる可能性があります。とくに、クローン技術を利用して患者本人のゲノムを持つES細胞をつくる場合には、厳しいチェックが必要と思われます。

このような背景のもと、ヒトのさまざまな組織における正常なメチル化状態やヒストンの修飾状態を、全ゲノム的な規模で調べようという「ヒトエピゲノム計画」の機運が高まりつつあります。つまり、異常を検出するためにはまず正常を知らねばなりませんから、その標準データを集めようというわけです。どの方法で、どの組織を対象とするかなど問題は山積みですが、そのようなデータが得られれば人類の貴重な知的財産となることは間違いありません。「ヒトゲノム計画」の発展版の一つというわけです。

画期的な治療法の開発

診断だけでなく、エピジェネティックな治療法を開発できないものでしょうか。そのような治療法があれば、たとえば、がん抑制遺伝子の働きがエピジェネティックに抑えられている場合、これを再活性化させることで正常な細胞に戻すことができるかもしれません。実際、

表 2 がんに対する主なエピジェネティックな治療薬．臨床試験のステージ(相)はアメリカにおけるもの．第1相では少人数で，効果，用量，副作用の有無を調べるが，第3相になると他の治療法との比較を含めた大規模なテストが行なわれる．

標　的	薬　剤	臨床試験
DNAメチル化	5-アザシチジン	第1,2,3相
	5-アザ-2′-デオキシシチジン	第1,2,3相
	ゼブラリン	
	プロカインアミド	
	維持メチル化酵素へのアンチセンスオリゴ	第1相
ヒストン脱アセチル化	フェニルブチル酸	第1,2相
	バルプロン酸	第1,2相

DNAメチル化やヒストンの修飾に影響を与える多くの薬剤が知られており、アメリカではすでにそのいくつかについて臨床治験が始まっています(表2)。

そのうち、5-アザシチジンや5-アザ-2′-デオキシシチジンは作用がよく調べられている強力なDNAメチル化酵素の阻害剤です。これらの薬剤は細胞に取り込まれた後、DNA複製が起こる際にDNA中のシトシンの位置に組み込まれます。その後、DNAメチル化酵素がこれらのシトシン類似体にトラップされ、シトシンをメチル化することができなくなってしまいます。この二つの脱メチル化剤はすでに骨髄異形成症や白血病などの血液のがんへ応用されています。なぜなら、これらのがんではp15と呼ばれるがん抑制遺伝子が高頻度にメチル化を受けているので、これを再活性化してやろうというわけです。すでに第三相試験(薬剤の効果や安全性に関するデータを大規模に集め、他の治療法との比較などを行う臨床試験)が進んでいます。また、これらの薬剤の欠点である水溶液中での不安定性を克服し、経口摂取も可能とする、ゼブラリンなどの薬剤にも期待が集まっています。

もちろん、これらの薬剤では特定の標的遺伝子だけを抑制から解き放つことはできません。また、細胞障害などの副作用があります。しかし、分裂の盛んながん細胞に取り込まれやすいため、比較的低用量で効果があるようです。また、ヒストン脱アセチル化酵素の阻害剤などほかの薬剤と組み合わせることで、有効性を増すことが期待されています。ヒストン脱アセチル化酵素阻害剤にはフェニルブチル酸、トリコスタチンA、バルプロン酸などさまざまなものがありますが、それらは細胞を分化させたり、細胞分裂を阻害したり、細胞死を導いたりすることが知られています。ですから、がん細胞の増殖を抑えたり、死滅させたりできる可能性があるのです。もちろん、ヒストン脱アセチル化酵素阻害剤のこのような作用も、抑制された遺伝子を再活性化することによるものです。実際、DNAメチル化酵素阻害剤とヒストン脱アセチル化酵素阻害剤には協調作用があり、併用すると効果が上がることが動物実験で報告されています。

さらに、これらのエピジェネティックな治療と従来のがん治療とを組み合わせることが考えられます。たとえば、エピジェネティックな薬剤で、がん細胞の中で眠らされている細胞増殖抑制性の遺伝子や細胞死関係の遺伝子を再活性化しておき、そこへ化学療法、インターフェロン療法、免疫療法を行えば、容易にがん細胞の増殖停止や細胞死を誘導できるかもしれません。つまり、エピジェネティックな治療が、他の治療法に対するがん細胞の感受性や反応性を上げるのに役立つ可能性があるのです。

ところで、われわれの細胞にはＤＮＡからメチル基を除去してしまう脱メチル化酵素があるのではないかと推測されながら、いまだに見つかっていません。5-メチルシトシンからメチル基を取り去るのか(これはエネルギー的に困難な反応だと考えられます)、5-メチルシトシン全体を除去してあとを修復するのか、その反応自体も不明です。脱メチル化酵素を見つけ出すことができれば、そしてそれに標的特異性を持たせることができれば、理想的な治療手段が提供されるかもしれません。

一方で、遺伝子をメチル化する技術については最近進展がありました。二〇〇四年の夏、特定の遺伝子の働きを人為的にDNAメチル化で抑え込んでしまう方法が発表されました。目的とする遺伝子だけを狙い撃ちできるとは夢のような話です。この方法では、標的となる遺伝子の転写開始点や上流部分とまったく同じ配列を持つ二本鎖のRNAを使います。RNAの長さは二一〜二五塩基となるようにしておきます。このようなRNAを細胞に導入してやると、標的とした遺伝子の配列とその周辺がメチル化され、転写を抑えることができました。また、標的とした配列周辺ではヒストンH3の9番目のリジンがメチル化されたことも確認されています。どのようにしてメチル基が入るのかは不明ですが、じつに簡単な方法でうまくいったのです。

じつは、メッセンジャーRNAと同じ配列を持つ小型の二本鎖RNA(小型干渉RNA)がメッセンジャーRNAの分解や翻訳の阻害を起こし、遺伝子の働きを抑えてしまうことが知られていました。これはRNA干渉と呼ばれています。さらに植物では、小型干渉RNAがDNAのメチル化を誘導することがわかっていました。同様なことがヒトの細胞でも起こりうることが示されたのです。まだまだいろいろと検討の余地があると思われますが、とにかく遺伝子を狙い撃ちできることは画期的なことです。がん遺伝子など悪い働きをする遺伝子を抑えることに応用できるはずで、今後の発展が期待されます。

エピジェネティックな治療はＤＮＡの配列自体には影響しません。したがって、改変したことが子孫に伝わる心配は少ないと思われます(リセットが起こる)。悪くなった遺伝子の配列を除いたり交換したりするハードな遺伝子治療ではなく、ソフトな治療と言えるでしょう。ゲノムの修飾を変化させる方法は理想的な遺伝子治療の一つになるかもしれません。

7

便利な道具にハマる生物

エピジェネティクスの進化

最後にエピジェネティクスの進化について触れようと思います。生物はエピジェネティクスの仕組みをいつ頃から持つようになったのでしょうか。また、生物はその仕組みをどのように使ってきたのでしょうか。

ＤＮＡのメチル化の起源は古く、細胞核を持たない細菌類(原核生物と呼びます)にも存在します。生物学者にはよく知られたことですが、細菌類のＤＮＡメチル化は「制限・修飾系」と呼ばれる外敵防御システムの中で使われています(図29)。細菌にはバクテリオファージ(以下、ファージと呼びます)と呼ばれる外敵がいますが、これはわれわれに感染するウイ

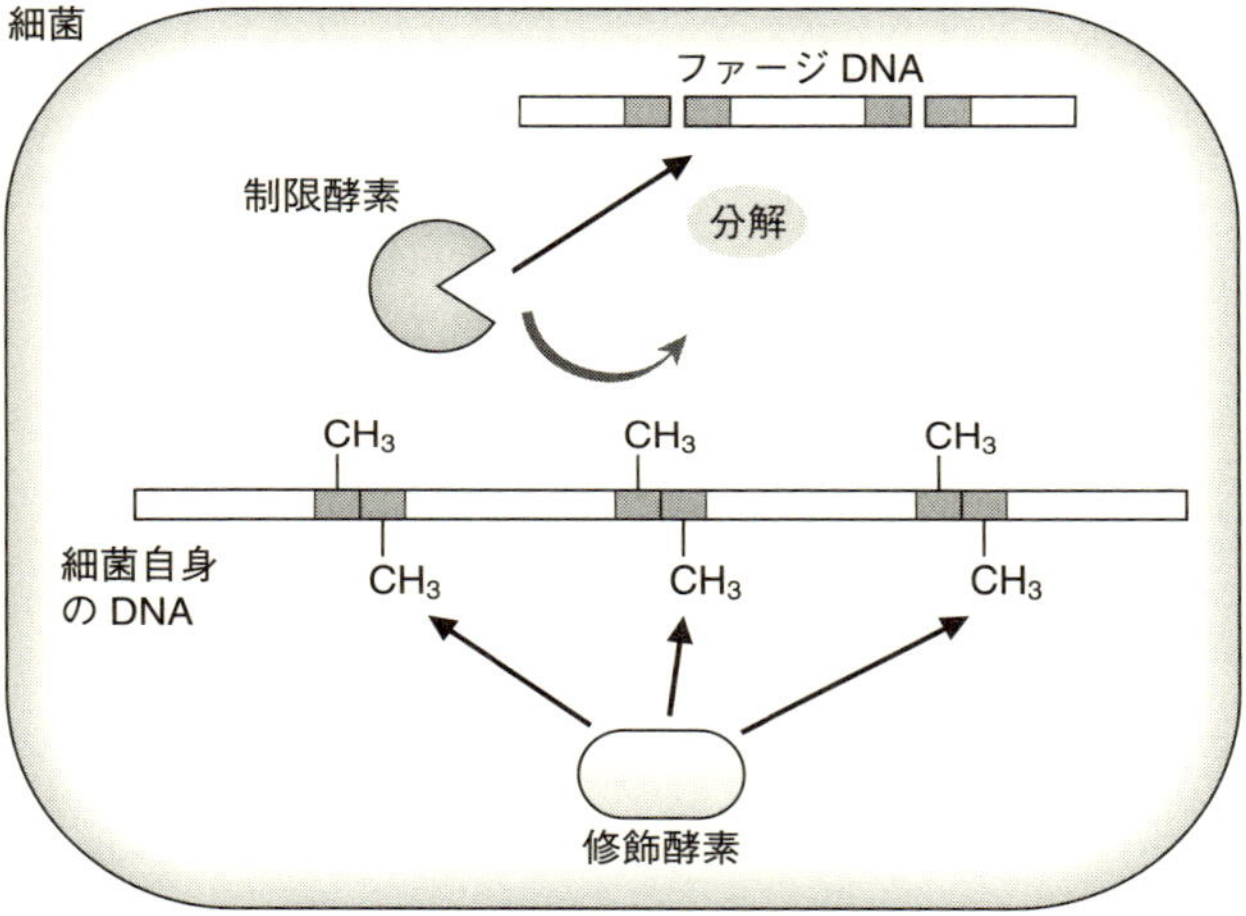

図 29　細菌の制限・修飾系．特定の配列を認識して切断する制限酵素が外敵を防ぐ．一方，制限酵素が両刃の剣にならぬよう，細菌自身の DNA を修飾酵素がメチル化して，制限酵素が働かないようにする

ルスに相当するもので、細菌にファージが感染すると死んでしまいます。そこで細菌は侵入したファージDNAを切断する制限酵素を持つようになりました。つまり、この酵素を使ってファージDNAを分解し、細菌内でファージが増殖できないようにするのです。

（ちなみに、制限酵素はDNAの特定の配列を認識して切断するので、遺伝子組み換えの道具としてよく使われています。）

ところが、制限酵素が細菌自身のDNAを切断すると困りますから、自己の配列には目印をつけて切断を防ぐようになりました。この目印がＤＮＡメチル化であり、制限酵素は標的となる配列がメチル化されていると切断できません。つまり、外敵撃破と自己防御の仕組みがセットになっているわけで、細菌は制限酵素と修飾酵素（つまりＤＮＡメチル化酵素）をペアで持っているのです。このうちＤＮＡメチル化の仕組みは生物進化の長い歴史を耐えて、哺乳類まで受け継がれました。その証拠に、われわれヒトが持つＤＮＡメチル化酵素は、細菌のそれと非常によく似た構造をしています。

一方、ヒストンは細胞核を持つ生物（真核生物と呼びます）になって初めて登場した蛋白質です。しかし、単細胞の真核生物である出芽酵母や分裂酵母にもすでにヒストンのアセチル化、メチル化などの修飾があり、これらの生物ではヒストンの修飾がヘテロクロマチンの形成に関わっていることがわかっています。前述したように、ごく一般的に言うと、ヘテロクロマチン化されたゲノムの領域では遺伝子発現が起こりません。つまり、ヒストンの修飾は登場してわりとすぐに遺伝子発現調節を行うようになったと考えられ、これは動物、植物を含め、すべての真核生物に共通した仕組みとなったのです。

さて、ＤＮＡのメチル化もヒストンの修飾も、複雑な構造を持つ多細胞生物が登場する前

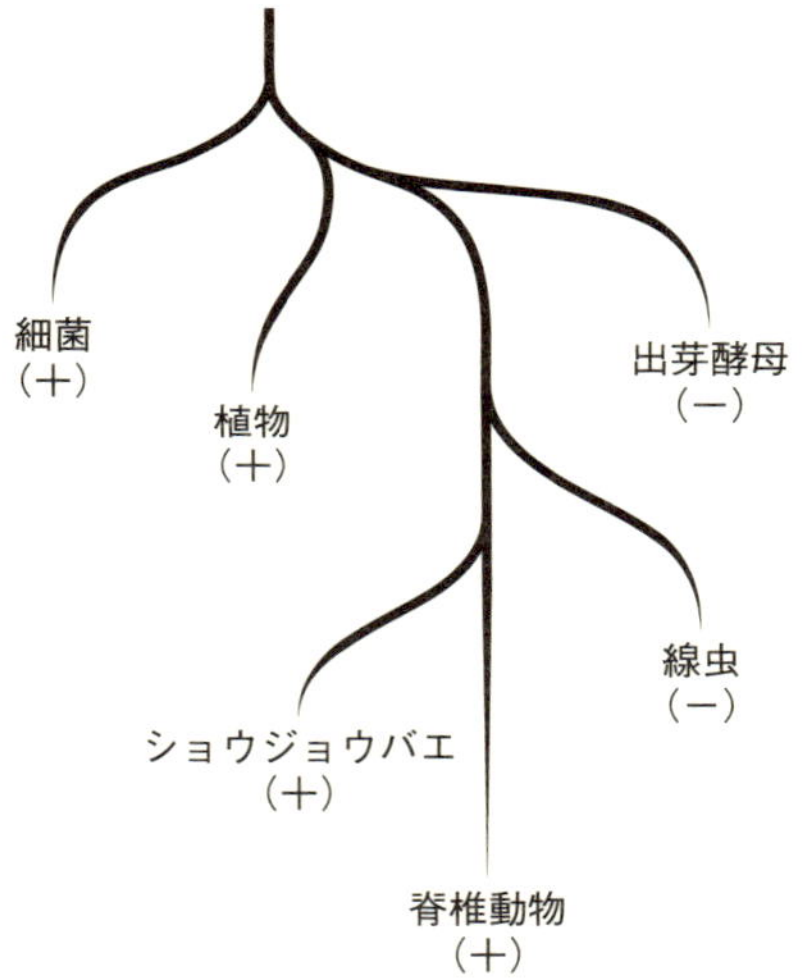

図 30　DNA メチル化を持つ生物（＋）と持たない生物（－）

から存在していましたが、その後の両者の使われ方には大きな違いができました。ヒストンの修飾はすべての真核生物に共通した仕組みとなりましたが、対照的に、より起源の古いＤＮＡメチル化の仕組みはいくつかの生物では捨て去られてしまいました（図30）。たとえば、出芽酵母や線虫はヒストンを修飾する酵素を持っていますが、ＤＮＡをメチル化する酵素を持っていません。ＤＮＡメチル化なしでも生きていけるのです。また、ショウジョウバエはＤＮＡをメチル化する仕組みを持っていますが、その働きはごく限られています。一方、哺乳類では大きく事情が異なり、ＤＮＡメチル化がうまくいかないと発生の途中で死んでしまいます。

どうしてＤＮＡメチル化の使われ方にこのように大きな違いができたのでしょうか。そもそも、どうしてＤＮＡのメチル化は長い進化の歴史を生き延びることができたのでしょうか。すべての生物が必要とするものなら当然保存されますが、出芽酵母や線虫の例でわかるように必ずしも生命にとって必須ではないのに……。

手離せない理由

その秘密はＤＮＡメチル化の応用範囲の広さにあるのではないかと私は考えています。どういうことかというと、ＤＮＡメチル化は生物にとって非常に使い勝手の良い道具であったと思われるのです。実際、ＤＮＡメチル化は自分自身の遺伝情報を守る、ウイルスやトランスポゾンを不活性化する、染色体構造を安定化する、転写のノイズを抑える、遺伝子の発生段階特異的または組織特異的な発現を調節する、ゲノム刷り込みの目印となる、Ｘ染色体の不活性化を安定化するなど、さまざまな目的に使われています。

われわれ人間のまわりにも、なくてはならない道具と、なくても生きていけるけれどあれば便利な道具があります。たとえば、衣食住に直接関わるものは前者であり、自動車や電話やインターネットなどは後者でしょう。ひと昔前まで人々は自動車や電話やコンピュータがなくても普通に生活していました。しかし、自動車を使ってみるととても便利なことがわかり、人の輸送ばかりでなく、品物の輸送にも使われ、さらに救急車や、消防車や、パトロールカーなど、特殊な目的にも使われるようになりました。そして、もし今世界中の自動車が使えなくなるとどうなるでしょう？　われわれの生活は完全に麻痺するに違いありません。DNAメチル化ももともとは使い勝手のいい便利な道具にすぎなかったけれど、いくつかの生物は深くハマってしまったのです。

生物は使える道具はなんでも利用して生きています。しかし、一度その道具に依存したシステムを作って利用を始めると、今度はその道具なしには生きてゆけなくなってしまう危険性があるのです。哺乳類はインプリンティングやX染色体不活性化などの高度な現象にDNAメチル化を利用しており、もはや完全に中毒してしまった状態と言えます。

生物はゲノムを操る便利な力を手に入れた瞬間から、その力によって操られる運命をも背負ってしまったのです。

tional gene silencing in human cells. *Science*, **305** (**5688**), 1289–1292.

Ohgane, J. *et al.* (2001): DNA methylation variation in cloned mice. *Genesis*, **30**, 45–50.

Sano, H. (2002): DNA methylation and Lamarckian inheritance. *Proc. Jpn. Acad.* (*Ser. B*), **78**, 293–298.

Sasaki, H. *et al.* (1991): Inherited type of allelic methylation variations in a mouse chromosome region where an integrated transgene shows methylation imprinting. *Development*, **111**, 573–581.

佐々木裕之編(2004): エピジェネティクス，シュプリンガー・フェアラーク東京．

Shin, T. *et al.* (2002): A cat cloned by nuclear transplantation. *Nature*, **415**, *859*.

Shirohzu, H. *et al.* (2002): Three novel DNMT3B mutations in Japanese patients with ICF syndrome. *Am. J. Med. Genet.*, **112**, 31–37.

Takagi, N. and Sasaki, M. (1975): Preferential inactivation of the paternally derived X chromosome in the extraembryonic membranes of the mouse. *Nature*, **256**, 640–642.

Takizawa, T. *et al.* (2001): DNA methylation is a critical cell-intrinsic determinant of astrocyte differentiation in the fetal brain. *Dev. Cell*, **1**, 749–758.

Tamaru, H. and Selker, E.U. (2001): A histone H3 methyltransferase controls DNA methylation in Neurospora crassa. *Nature*, **414**, 277–283.

Waddington, C.H. (1956): Principles of Embryology. George Allen & Unwin, London.

Waterland, R.A. and Jirtle, R.L. (2003): Transposable elements: targets for early nutritional effects on epigenetic gene regulation. *Mol. Cell. Biol.*, **23**, 5293–5300.

Whitelaw, E. and Martin, D.I. (2001): Retrotransposons as epigenetic mediators of phenotypic variation in mammals. *Nat. Genet.*, **27**, 361–365.

Wilmut, I. *et al.* (1997): Viable offspring derived from fetal and adult mammalian cells. *Nature*, **385**, 810-813.

参考文献

Amir, R.E. *et al.* (1999): Rett syndrome is caused by mutations in X-linked MECP 2, encoding methyl-CpG-binding protein 2. *Nat. Genet.*, **23**, 185–188.

Egger, G. *et al.* (2004): Epigenetics in human disease and prospects for epigenetic therapy. *Nature*, **429**, 457–463.

Feinberg, A.P. and Vogelstein, B. (1983): Hypomethylation distinguishes genes of some human cancers from their normal counterparts. *Nature*, **301**, 89–92.

Iida, S. *et al.* (2004): Genetics and epigenetics in flower pigmentation associated with transposable elements in morning glories. *Adv. Biophys.*, **38**, 141–159.

International Human Genome Sequencing Consortium (2004): Finishing the euchromatic sequence of the human genome. *Nature*, **431**, 931–945.

Kakutani, T. *et al.* (1996): Developmental abnormalities and epimutations associated with DNA hypomethylation mutations. *Proc. Natl. Acad. Sci. U.S.A.*, **93**, 12406–12411.

Kaneda, M. *et al.* (2004): Essential role for de novo DNA methyltransferase Dnmt3a in paternal and maternal imprinting. *Nature*, **429**, 900–903.

Kono, T. *et al.* (2004): Birth of parthenogenetic mice that can develop to adulthood. *Nature*, **428**, 860–864.

Kurosawa, K. *et al.* (2002): Paternal UPD14 is responsible for a distinctive malformation complex. *Am. J. Med. Genet.*, **110**, 268–272.

Li, E. *et al.* (1993): Role for DNA methylation in genomic imprinting. *Nature*, **366**, 362–365.

Lyon, M.F. (1961): Gene action in the X-chromosome of the mouse (Mus musculus L.). *Nature*, **190**, 372–373.

McClintock, B. (1987): The discovery and characterization of transposable elements. The collected papers of Barbara McClintock. In: Moore, J.A. (ed.), Genes, Cells and Organism. Garland Pub.

Morris, K.V. *et al.* (2004): Small interfering RNA-induced transcrip-

佐々木裕之

1956年福岡市生まれ．九州大学大学院医学系研究科修了．医学博士．九州大学遺伝情報実験施設助手，国立遺伝学研究所教授を経て，現在，九州大学生体防御医学研究所教授．共著書に『遺伝子病入門』(南江堂)，『臨床DNA診断法』(金原出版)，『人類遺伝学』(金原出版)，『生殖と発生』(岩波講座現代医学の基礎)，『生命工学——新しい生命へのアプローチ』(共立出版)，『エピジェネティクス』(編著，シュプリンガー・フェアラーク東京)などがある．

岩波 科学ライブラリー 101

エピジェネティクス入門

2005年5月12日　第1刷発行
2014年8月18日　第6刷発行

著　者　佐々木裕之《ささきひろゆき》

発行者　岡本　厚

発行所　株式会社 岩波書店
〒101-8002 東京都千代田区一ツ橋2-5-5
電話案内 03-5210-4000
http://www.iwanami.co.jp/

印刷・理想社　カバー・半七印刷　製本・中永製本

© Hiroyuki Sasaki 2005
ISBN 4-00-007441-5　Printed in Japan

R〈日本複製権センター委託出版物〉　本書を無断で複写複製(コピー)することは，著作権法上の例外を除き，禁じられています．本書をコピーされる場合は，事前に日本複製権センター(JRRC)の許諾を受けてください．
JRRC　Tel 03-3401-2382　http://www.jrrc.or.jp/　E-mail jrrc_info@jrrc.or.jp

●岩波科学ライブラリー〈既刊書〉

221 齋藤亜矢
ヒトはなぜ絵を描くのか
芸術認知科学への招待
本体一三〇〇円

円と円の組合せで顔を描くヒトの子どもvsそれができないチンパンジー。DNAの違いわずか1・2%の両者の比較から面白い発見が！ ヒトとは何か？ 想像と創造をキーワードに芸術と科学から迫る。 【資料図満載、カラー口絵1丁】

222 瀬山士郎
数学 想像力の科学
本体一二〇〇円

1、2、3、…という数が実在するわけではない。ある具象物に対して、数というラベルを付けることで、全体の量や相互の関係を類推し、未知なるものの形や性質を議論できる。そうして数学のリアリティが生まれてくる。

223 鳥越規央・データスタジアム野球事業部
勝てる野球の統計学
セイバーメトリクス
本体一二〇〇円

「送りバントは有効でない」など従来の野球観を覆すセイバーメトリクス。メジャーリーグでチーム強化に必須となったこの考え方を、日本プロ野球の最新データを使って解説する。各チームの戦力分析にぜひ備えておきたい一冊。

224 小豆川勝見
みんなの放射線測定入門
本体一二〇〇円

理系の大学院生でも大半がよく知らない放射線の測定法。機器があっても誰でも正確に測れるわけではない。なぜ放射線測定は難しいのか。また除染をすればそれで終わりなのか。今後の対策も含め徹底的にかみくだいて説明します。

225 岩波書店編集部 編
広辞苑を3倍楽しむ
カラー版 本体一五〇〇円

コンペイトー、錯視、ピタゴラスの数、靫蔓、猩猩、レプトセファルス、野口啄木鳥……。『広辞苑』の多種多様な項目から「話のタネ」を選んだ、各界で活躍する著者たちの科学にまつわるエッセイを、美しい写真とともに紹介。

定価は表示価格に消費税が加算されます。二〇一四年七月現在